아, 그런 거야?

그 림 으 로 읽 는
일상생활 속 물리 현상

아, 그런 거야?

나가사와 미쓰하루 지음 | 이인호 옮김

열린과학

시작하며

이 책은 우리 일상에서 찾아볼 수 있는 사물과 현상에 관한 내용을 담고 있다. 그 과학적인 원리를 모르더라도 사는 데에는 아무런 문제도 없지만, 만약 알고 있다면 더 즐거울 것이다. 주제에 따라서는 물리학의 범주에서 벗어났다는 지적도 있을 수 있겠지만, 편의상 존재할 뿐인 학문 간의 구분에 연연하고 싶지 않았다. 다양한 현상을 몇 가지 법칙, 정리, 가정으로 설명하는 것이 물리의 참맛이다. 따라서 그동안 연구해온 분야에서 다소 벗어난다 해도, 흥미롭게 보이는 주제는 적극적으로 다루려 노력했다.

'일상 속 사물과 현상의 원리에 관심은 있지만, 전문 서적을 찾아보지 않는 사람'을 위해 쓴 책이기 때문에 수식을 줄이고 되도록 쉽게 설명했다. 또한, 이해하기 쉽도록 그림을 많이 넣었다. 이 책에서 다룬 주제에 흥미나 의문이 생겼다면 꼭 기초적인 전문서로 넘어가 보기 바란다.

이 책을 집필하라고 권유한 니혼분게이샤의 사카 마사시 씨와 편집을 담당한 에디테100의 요네다 마사키 씨에게 깊은 감사의 말씀을 전하고 싶다. 그림과 디자인을 담당한 분들에게도 감사의 말씀을 드린다.

마지막으로 아내 도키코는 원고를 쓸 때마다 이를 읽고 유익한 조언을 해주었다. 그 조언을 바탕으로 원고를 고쳐 쓴 결과, 더욱 읽기 쉬운 내용으로 마무리할 수 있었다. 집안일과 육아를 하는 틈틈이 협력해줘서 정말 감사할 따름이다.

2016년 5월

나가사와 미쓰하루

차례

제3장 스포츠와 물리

제4장 탈것과 물리

제5장 빛과 소리와 물리

제1장

생활과 물리

뜨거운 국을 담은 그릇은 왜 미끄러질까?

마찰력과 보일-샤를의 법칙

물에 젖은 식탁이나 쟁반 위에 뜨거운 국을 담은 그릇을 놓으면 가끔 쓱 하고 미끄러진다. 이 현상은 마찰력과 보일-샤를의 법칙으로 설명할 수 있다.

마찰력이란 접촉하고 있는 두 물체가 서로 맞닿아 있는 면(계면)을 따라 움직일 때 이에 저항하며 움직임을 방해하는 힘이다.

국그릇 바닥에는 원통형 받침대가 달려 있다. 물기가 있는 식탁 위에 국그릇을 놓으면 물이 받침대와 식탁 사이에 있는 작은 틈새를 메워 버린다. 표면장력 때문이다. 이 물로 이루어진 얇은 막은 마찰을 줄이는 윤활제 기능을 하는 동시에 받침대와 식탁 사이에 밀폐 공간을 만들어 낸다. 또한 그릇이 뜨거우면 밀폐 공간 안에 남겨진 공기도 뜨겁게 달구어져 팽창한다. 하지만 물의 벽으로 둘러싸여 있기에 공기는 밖으로 빠져나가지 못한다. 보일-샤를의 법칙에 따르면 밀폐 공간의 부피가 일정할 때 공기의 온도가 오르면 압력도 높아진다. 따라서 밀폐 공간 속에 있는 공기의 압력은 대기압보다 높아진다. 그러면 밀폐 공간 속의 공기는 국그릇의 무게를 약간 지탱하지만 그만큼 국그릇 받침대가 식탁을 미는 힘이 약해진다. 그 결과, 받침대와 식탁 사이에서 작용하는 마찰력이 아주 작아진다. 따라서 식탁이 아주 조금만 기울어져 있어도 국그릇은 중력에 따라 낮은 방향으로 쓱 미끄러진다. 단, 국이 너무 뜨거우면 물의 막이 깨지면서 공기가 부글부글 거품을 내며 밖으로 빠져나간다.

① 식탁과 국그릇 받침대와 물로 인해 밀폐 공간이 생긴다

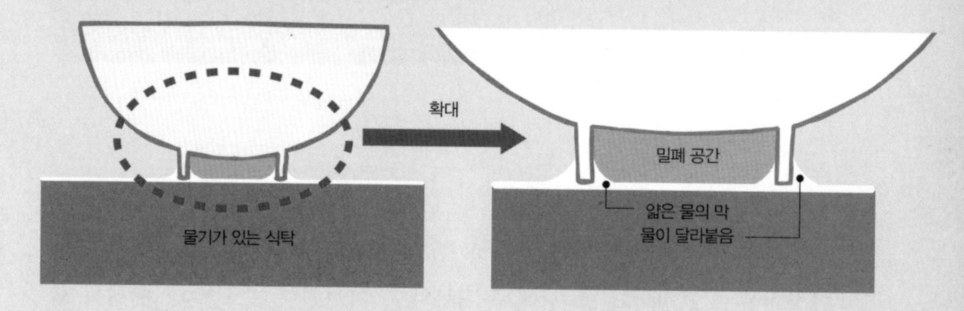

② 밀폐 공간 속에서 기체 압력이 높아진 상태

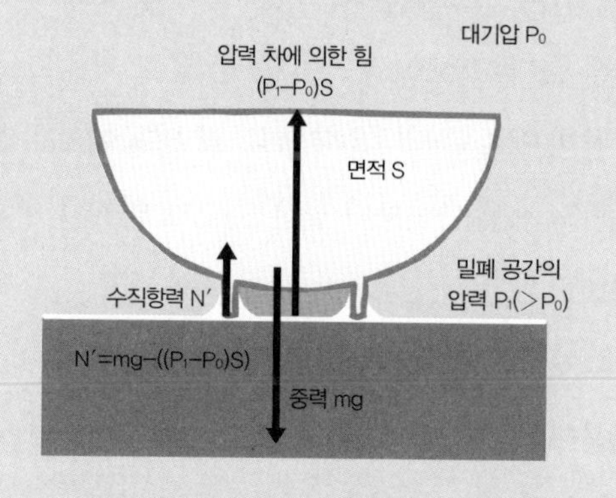

받침대가 식탁을 직접 미는 힘이 매우 약해진 결과 미끄러지기 쉬운 상태가 된다.

보일-샤를의 법칙

$$PV=Nk_BT$$

P는 압력, V는 밀폐 공간의 부피, N은 공기의 분자 수, k_B는 볼츠만 상수, T는 절대온도(단위는 K)다. 절대온도와 섭씨온도 θ(세타)℃의 관계는 $T=273.15+\theta$로 나타낼 수 있다(실온은 약 $300k_B$).

③ 국그릇에 작용하는 중력의 오른쪽 힘

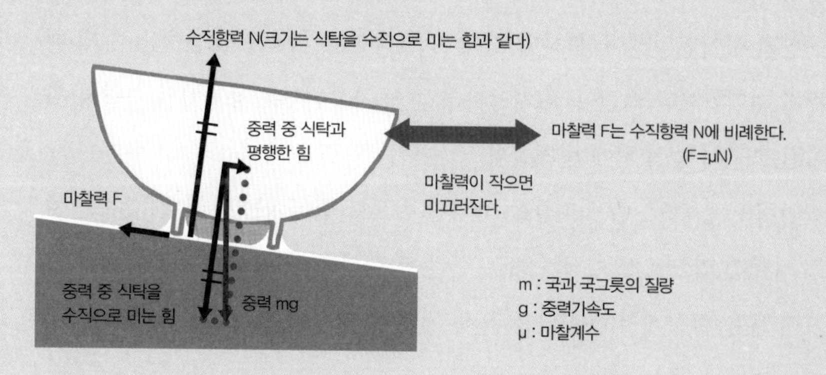

m : 국과 국그릇의 질량
g : 중력가속도
μ : 마찰계수

수세식 화장실의 물이 내려가는 원리

사이펀의 원리

수세식 화장실의 역사는 의외로 길다. 자연을 이용한 것은 강의 상류에 화장실을 짓고 배설물을 강에 흘려보내는 식이었다. 오늘날의 수세식 화장실에서 쓰이는 사이펀식 배수장치는 어떤 원리일까?

물이 들어 있는 양동이와 호스가 있다. 호스의 한쪽 끝은 물속에 넣고, 다른 쪽 끝은 수면보다 낮은 위치에 둔다(그림 ①). 호스 내부를 물로 가득 채우면 양동이의 물이 호스를 따라 밖으로 흘러나온다. 이처럼 양동이의 물은 호스를 따라 수면보다 높은 곳을 거쳐 수면보다 낮은 곳으로 빠져나가는데, 이 호스를 사이펀이라고 한다.

이런 현상이 일어나는 이유는 호스 출구 부분에 작용하는 물의 압력이 공기의 압력(대기압 P_0)보다 크기 때문이다.

양동이 안에 있는 물은 자신보다 위에 있는 물의 무게 때문에 대기압보다 압력이 높은 상태다. 이는 사이펀 안에 있는 물도 마찬가지다. 사이펀 내부 위쪽에 있는 물은 자신보다 아래쪽에 있는 물이 끌어당기는 힘 때문에 대기압보다 압력이 낮은 상태다.

한편 사이펀의 출구 부분의 압력 P_1은 자신보다 위에 있는 물의 무게 때문에 대기압보다 커진다. 대기압과의 압력 차 P_1-P_0은 양동이의 수면과 사이펀 출구의 높이 차에 비례한다.

압력 P_1은 출구 부근의 물을 사이펀 밖으로 밀어내는 반면, 대기압은 물을 사이펀 안으로 밀어 넣으려고 한다. 따라서 물의 압력이 대기압보다 크다면 물은 출구에서 흘러나온다. 일단 물이 나오기 시작하면 양동이의 수

① 물이 흘러나오기 직전 상태

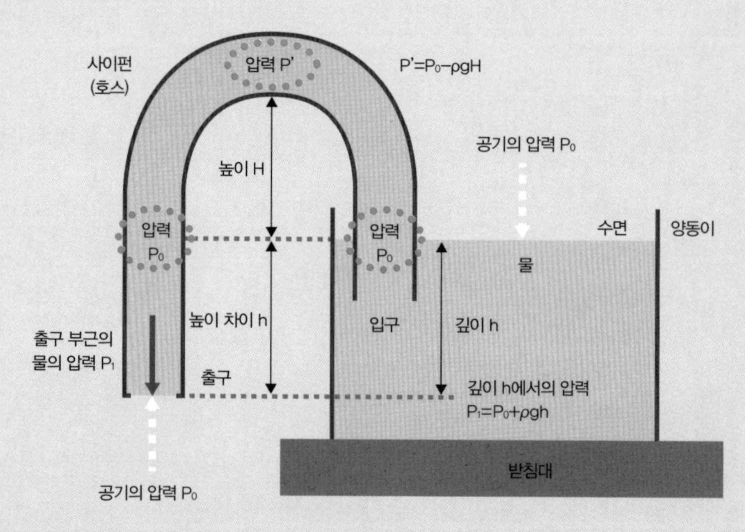

양동이의 수면과 사이펀 출구의 높이 차가 h라면, 출구 부근의 물의 압력 P_1은 $P_1=P_0+\rho gh$(ρ는 물의 밀도, g는 중력가속도)이므로 대기압 P0보다 높다.
사이펀 상단 부분의 물의 압력 P'는 $P'=P_0-\rho gH$(H는 양동이의 수면에서 사이펀 상부까지의 높이)이므로 대기압 P_0보다 낮다.
대기압 P_0이 1기압이라면, 사이펀의 높이가 수면에서 10m 이상 높아지면 압력 P'가 음수가 되므로 사이펀이 제 기능을 하지 못한다.

② 토리첼리의 정리(①과 똑같은 상황)

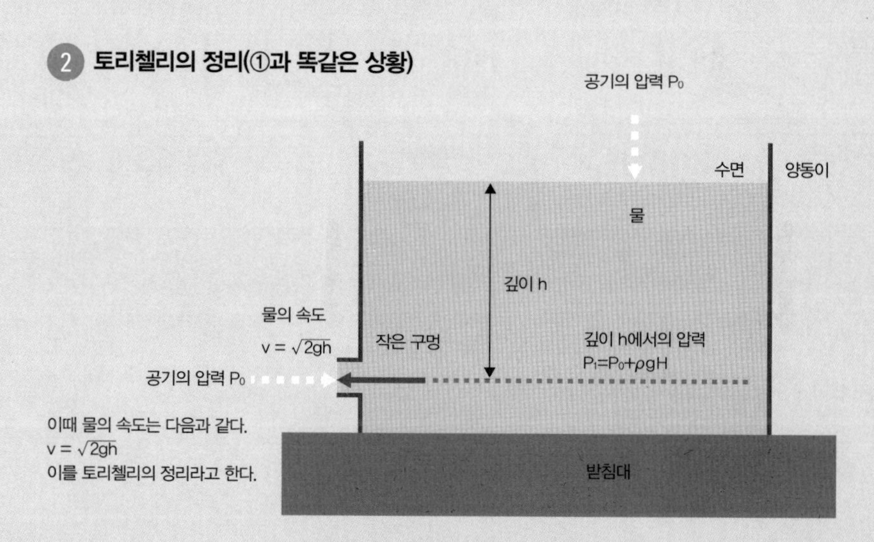

이때 물의 속도는 다음과 같다.
$v=\sqrt{2gh}$
이를 토리첼리의 정리라고 한다.

사이펀이란 양동이 벽에 구멍을 내는 일과 같다.
사이펀의 출구 높이가 구멍의 높이에 해당한다.

③ 수세식 화장실의 구조

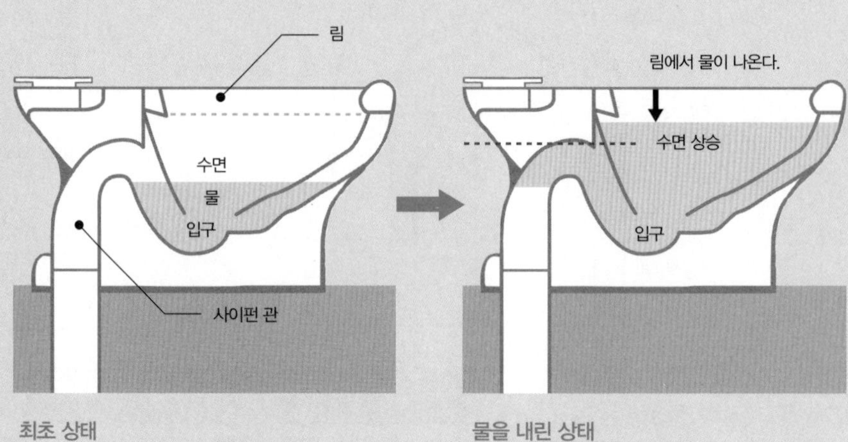

최초 상태

물을 내린 상태

수면의 높이가 일시적으로나마 배수관보다 높아지면
배수관은 사이펀이 된다.

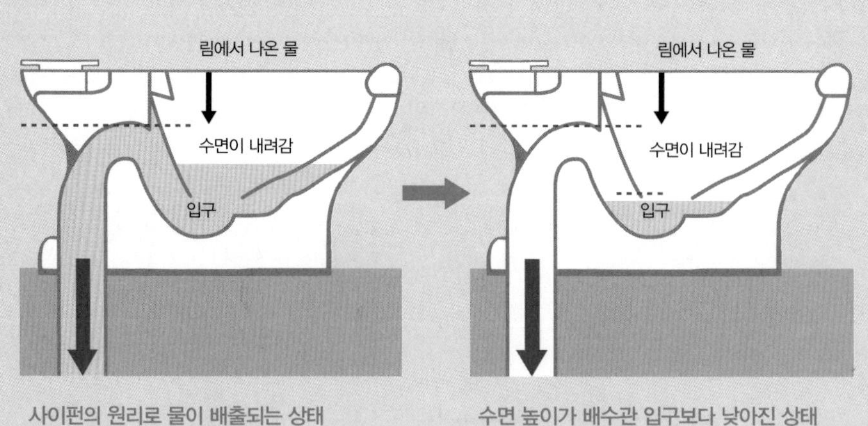

사이펀의 원리로 물이 배출되는 상태

수도에서 나오는 물의 양은 사이펀으로
배출되는 물의 양보다 적어야 한다.

수면 높이가 배수관 입구보다 낮아진 상태

최초 상태로 돌아온다.

면이 사이펀의 출구보다 낮아질 때까지 계속 물이 흘러나온다.

수세식 화장실의 배수관은 사이펀이다. 물을 내리면 변기에 물이 가득 고이는데, 이때 고인 물과 배설물은 사이펀의 원리에 의해 배출된다.

배출이 끝나면 변기에는 적당한 양의 물이 남는다. 이 물은 하수도에서 올라오는 악취를 막는 기능을 한다.

보온병은 어떻게 열을 가둬 둘까?

듀어병의 원리

보온병에 뜨거운 물이나 차가운 물을 넣어 두면 오랫동안 그 온도를 유지할 수 있다. 보온병은 제임스 듀어(James Dewar)라는 영국인이 발명했다. 그래서 듀어병이라고도 한다.

열이 전달되는 방식은 총 세 가지로 각각 전도, 대류, 복사라고 한다(그림 ①)전도는 온도가 높은 물체가 온도가 낮은 물체에 접촉함으로써, 대류는 열을 지닌 물체가 이동함으로써, 복사는 온도가 높은 물체가 방출한 적외선을 온도가 낮은 물체가 흡수함으로써 열을 전달한다. 보온병은 이 세 가지 열전달 방식을 억제함으로써 내용물의 온도를 유지한다.

그림 ②와 같이 보온병은 이중 구조를 지니며 외벽과 내벽은 접촉하지 않게끔 만들어져 있다. 벽 부분은 유리나 스테인리스처럼 단단하면서도 열이 잘 전달되지 않는 재료로 이루어져 있어서 열이 잘 전도되지 않는다.

또한 두 벽 사이에 있는 밀폐된 공간은 진공 상태라서 공기에 의한 대류를 막을 수 있다. 뿐만 아니라 복사에 의한 열의 이동, 다시 말해 외벽과 내벽이 적외선으로 열을 주고받는 것을 억제하는 장치도 있다.

적외선은 빛의 일종이므로 조건에 따라서는 반사할 수 있다. 따라서 빛을 흡수시키고 싶지 않다면 반사해 버리면 된다. 그래서 외벽과 내벽이 마주 보는 면은 거울처럼 가공되어 있다.

1 열이 전달되는 세 가지 방식

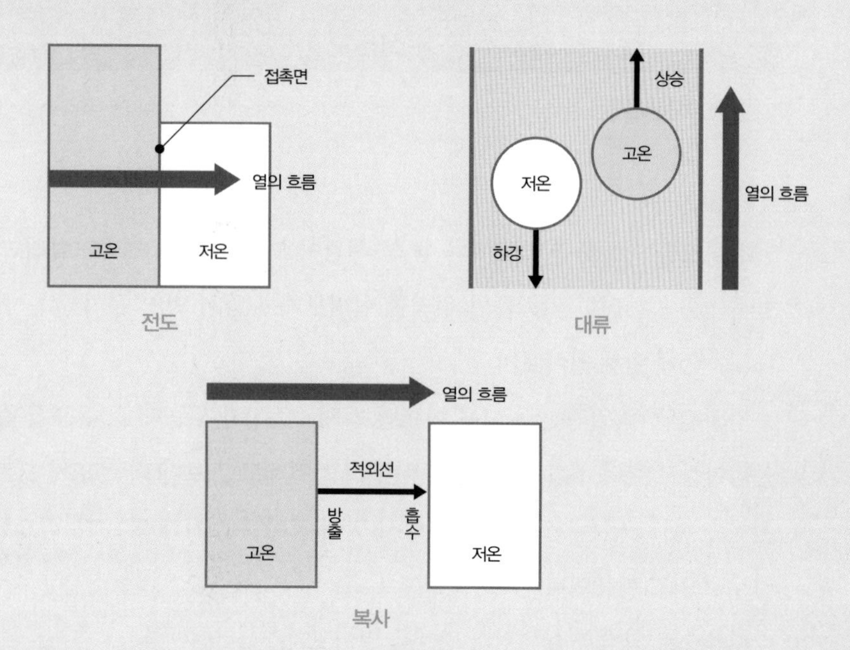

2 보온병의 이중 구조

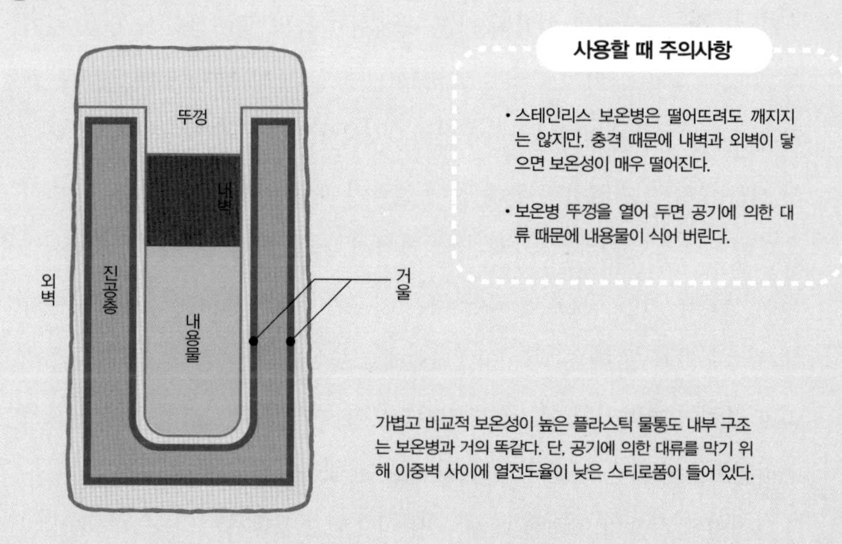

사용할 때 주의사항

- 스테인리스 보온병은 떨어뜨려도 깨지지는 않지만, 충격 때문에 내벽과 외벽이 닿으면 보온성이 매우 떨어진다.
- 보온병 뚜껑을 열어 두면 공기에 의한 대류 때문에 내용물이 식어 버린다.

가볍고 비교적 보온성이 높은 플라스틱 물통도 내부 구조는 보온병과 거의 똑같다. 단, 공기에 의한 대류를 막기 위해 이중벽 사이에 열전도율이 낮은 스티로폼이 들어 있다.

짧은 시간에 조리를 끝낼 수 있는 압력솥의 비밀

압력 이용하기

압력솥을 이용하면 조림이나 찜 등 시간이 오래 걸리는 요리도 빨리 만들 수 있다. 이러한 압력솥의 원리를 살펴보기에 앞서 먼저 물이 끓는 온도(끓는점)에 관해 알아보자.

가열된 물이 일정한 온도에 이르면 기체(수증기)가 되는데 그 온도를 끓는점이라고 한다. 끓고 있는 물을 아무리 가열해도 그보다 더 온도가 오르지 않는다. 그 열은 전부 기화열, 다시 말해 물이 수증기가 되는 데 필요한 열로 쓰이기 때문이다.

다음으로 압력과 끓는점의 관계를 알아보자.

흔히 물의 끓는점을 100℃로 알고 있는데, 이는 사실 표고 0m 지점의 기압인 1기압(약 100kPa)에서의 이야기이다. 일반적으로 표고가 높은 곳일수록 기압이 낮아지며 기압이 낮은 곳에서는 물의 끓는점도 낮아진다. 가령 후지산 정상의 기압은 약 0.6기압이므로 물은 약 87℃에서 끓는다. 흔히 높은 산에서 지은 밥은 맛이 없다고 하는데, 이는 물의 끓는점이 낮아서 쌀을 충분히 가열하지 못해 밥이 설익기 때문이다. 이와 반대로 압력이 높으면 끓는점도 오른다. 가령 1.6기압에서 물의 끓는점은 약 113℃다.

이 상태를 인공적으로 만들어 내는 기구가 바로 압력솥이다. 물이 증발해서 수증기가 될 때 부피는 약 1,000배로 불어난다. 이를 솥 안에 가둬 버리면 압력이 높아지며 끓는점도 100℃보다 높아진다. 그러한 높은 온도로 조리함으로써 짧은 시간 안에 요리 재료를 충분히 가열할 수 있다.

그러면 압력솥의 압력은 대체 어떤 식으로 조절할까?

① 무게를 이용한 압력솥의 동작 원리

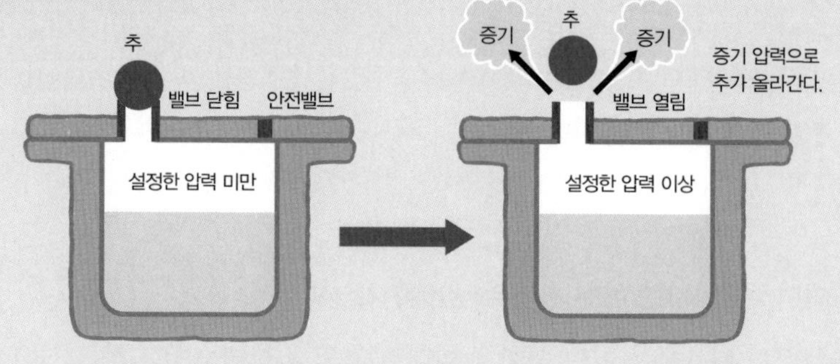

② 압력과 물의 끓는점 사이의 관계

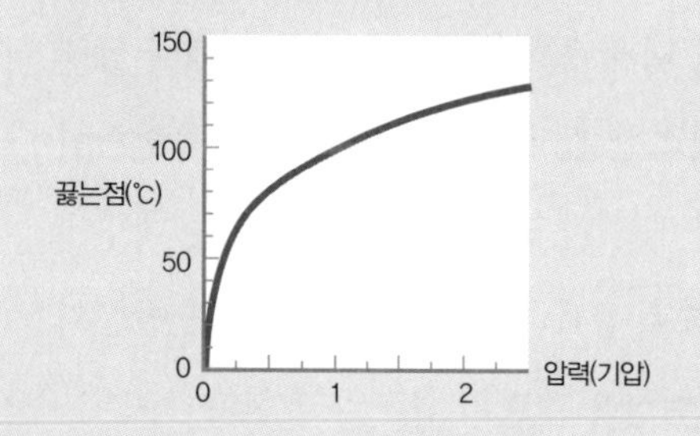

압력솥의 작동압력은 보통 60~100kPa(온도로 환산하면 113~120℃)이다. 작동압력이란 1기압과의 압력 차인데, 가령 작동압력이 60kPa이라면 1.6기압으로 조리할 수 있다는 뜻이다.

바로 증기 배출구에 있는 추와 밸브를 이용해 조절한다. 참고로 이 밸브에는 스프링이 달려 있다. 압력솥 내부의 압력이 낮을 때는 밸브가 닫혀 있다. 하지만 압력이 특정 값 이상으로 높아지면 증기가 밸브를 밀어 올리면서 밖으로 빠져나가고, 압력이 낮아져서 다시 밸브가 닫힌다. 이런 식으로 압력을 일정하게 유지할 수 있다. 또한 추의 무게와 스프링의 강도를 바꿔 줌으로써 요리에 따라 압력을 조절할 수도 있다. 이 밸브가 동작하지 않을 때를 대비하여 따로 안전밸브도 달려 있다.

원리상 압력솥의 압력이 오르려면 반드시 물이 있어야 한다. 그래서 압력솥은 조림 등 수분이 많은 요리를 만드는 데 적합하다. 반대로 수분이 거의 없는 요리를 만들 때는 제 기능을 하지 못한다.

광학

파동

불 없이도 라면을 끓일 수 있는 이유

전자기 유도와 유도 가열

인덕션레인지는 어떤 원리로 냄비를 가열할까?

물질은 외부에서 어떤 영향을 받더라도 원래 상태를 유지하려 한다. 가령 자유롭게 운동할 수 있는 수많은 전자를 지닌 금속판에 자석을 갖다 댄다고 생각해 보자. 그러면 자석의 세기에 비례한 자속(磁束)이 금속판에 침입한다. 하지만 금속은 맨 처음 상태, 다시 말해 자속이 0이었던 때의 상태를 유지하려 한다. 전기와 자기는 밀접한 관계가 있어서 전류도 자석처럼 자기장을 만들 수 있다. 그래서 외부에서 자속이 들어오면 금속은 내부에 유도전류(맴돌이 전류)를 만든다. 전류를 통해 침입한 자속과 반대 방향의 자속을 만들어 상쇄하는 것이다. 이 현상을 전자기 유도라고 한다.

인덕션레인지는 전기 저항이 큰 금속제 냄비에 전자기 유도로 맴돌이 전류를 만들어서 냄비를 가열한다. 이런 식으로 가열하는 것을 유도 가열이라고 한다. 사실 인덕션레인지는 영구자석이 아니라 전자석을 이용한다. 전자석에 교류 전류를 흘려줌으로써 N극과 S극을 주기적으로 반전시키는 방식이다. 인덕션레인지는 냄비를 전기로 직접 가열하므로 에너지 변환 효율이 높다는 특징이 있다.

인덕션레인지에는 상용 주파수(50이나 60Hz)를 사용하는 저주파 방식과, 인버터로 발생시킨 20~60kHz 주파수의 교류 전류를 사용하는 고주파 방식이 있다. 고주파 방식의 인덕션레인지 중에는 스테인리스 냄비뿐만 아니라 구리나 알루미늄 냄비 등을 쓸 수 있는 제품도 있다.

1 영구자석과 전자석이 만드는 자력선

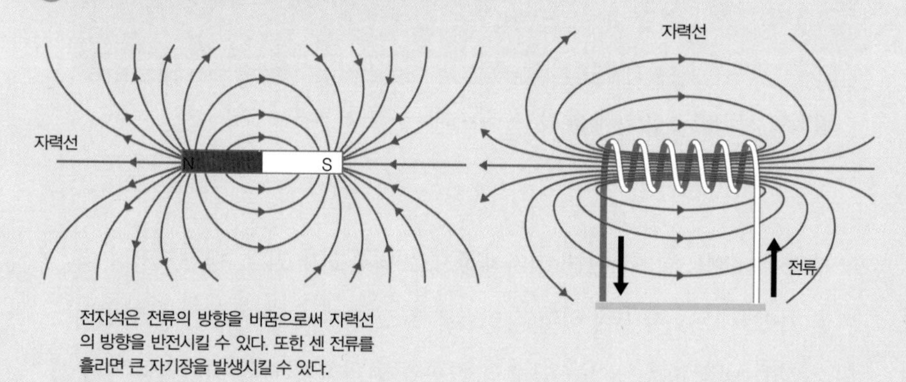

전자석은 전류의 방향을 바꿈으로써 자력선의 방향을 반전시킬 수 있다. 또한 센 전류를 흘리면 큰 자기장을 발생시킬 수 있다.

2 맴돌이 전류

금속판에 자석을 가까이 댔다가 떨어뜨리기를 반복하면, 자속을 상쇄하기 위해 금속판에 맴돌이 전류가 흐른다(자석을 가까이 댈 때와 멀리 떨어뜨릴 때 각각 전류의 방향이 다르다).

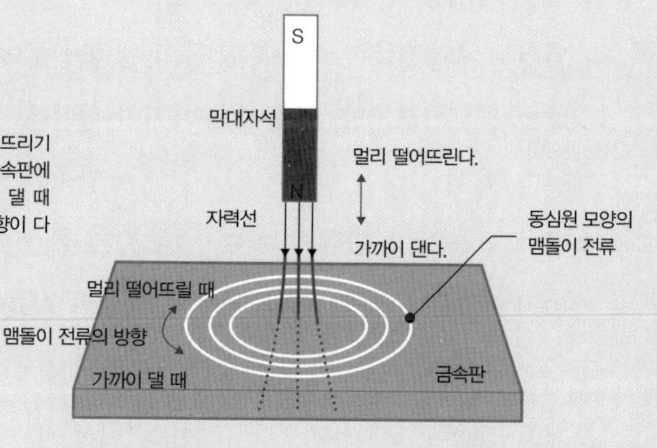

3 인덕션레인지의 구조

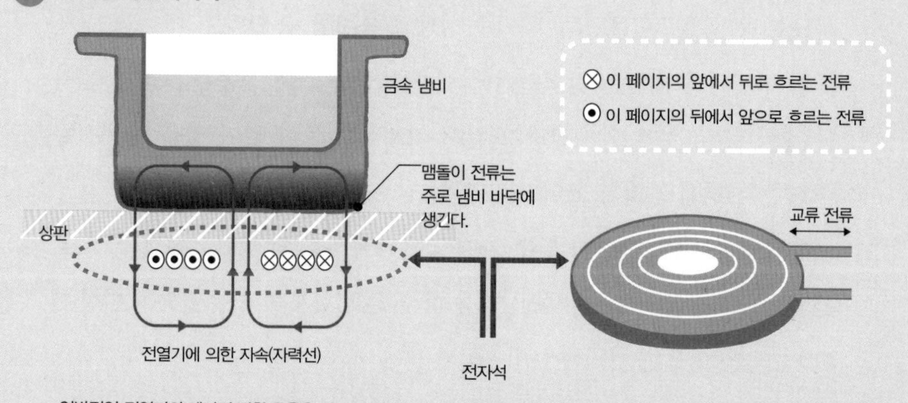

일반적인 전열기의 에너지 변환 효율은 약 50%인데, 고주파 방식의 인덕션레인지의 변환 효율은 90% 이상으로 매우 높다. 그러나 구리와 알루미늄 냄비까지 지원하는 제품은 변환 효율이 다소 떨어진다.

냉장고가 음식을 차갑게 하는 원리

열역학 사이클과 펠티에 효과

부엌에서 빠뜨릴 수 없는 전자제품으로 냉장고가 있다. 냉장고처럼 음식을 차갑게 만들 때는 열역학 사이클과 열전 효과 등을 이용한다. 일반적인 가정용 냉장고에 쓰이는 압축과 기화열에 의한 열역학 사이클을 이용한 냉각 방식을 알아보자.

가정용 냉장고에는 이소부탄 등의 냉매가 들어 있다. 냉매는 일반적인 상태에서는 기체지만, 압력이 높아지면 상온에서도 액체가 되는 성질을 지닌다. 기체 상태인 냉매가 압축기에서 압축된 다음 응축기에서 열을 방출하면 조금 높은 압력의 액체가 된다. 그 액체를 밸브나 모세관을 통해 증발기로 보내서 압력을 낮춰 주면, 액체의 끓는점이 내려가면서 격하게 끓기 시작한다. 이때 액체가 증발(기화)하면서 주위에서 열(기화열)을 빼앗으므로 결과적으로 주변 온도가 낮아진다.

증발해서 기체가 된 냉매는 다시 압축기로 들어가서 위의 과정을 반복하므로 증발기 주변을 항상 차가운 상태로 유지할 수 있다.

이 방법의 문제점은 압축기에서 냉매를 압축할 때 진동과 소리가 난다는 점이다. 이 문제를 해결하기 위해 기계적인 동작 없이 열을 이동시킬 수 있는 펠티에 소자가 쓰일 때도 있다.

펠티에 소자는 서로 다른 두 가지 금속과 반도체의 접합부에 전류가 흐를 때, 한쪽 접합부에서 흡수한 열을 다른 쪽 접합부에서 방출하는 현상(펠티에 효과)을 이용한 것이다.

1 냉장고의 열역학 사이클

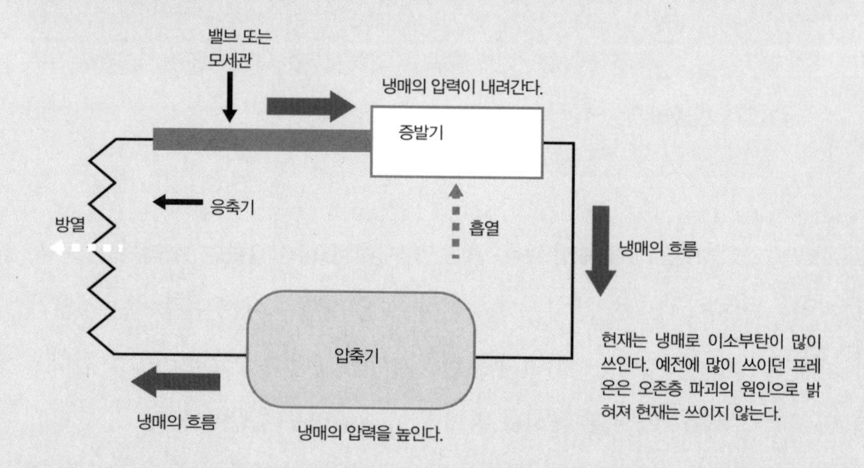

현재는 냉매로 이소부탄이 많이 쓰인다. 예전에 많이 쓰이던 프레온은 오존층 파괴의 원인으로 밝혀져 현재는 쓰이지 않는다.

2 펠티에 소자에 의한 열 이동

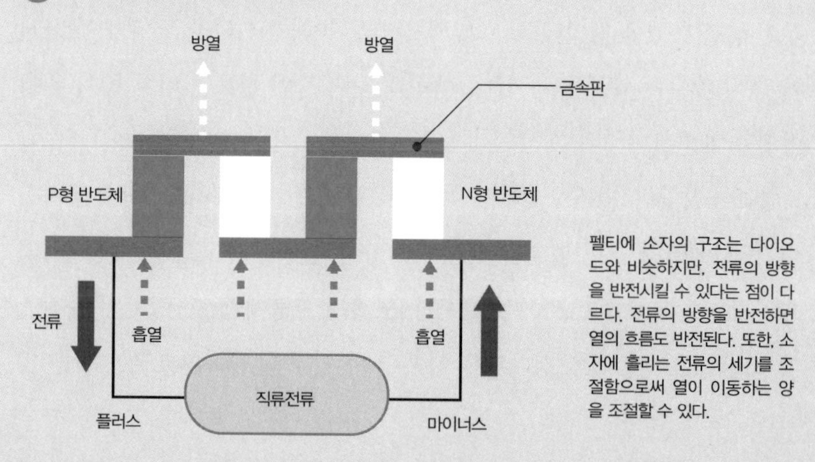

펠티에 소자의 구조는 다이오드와 비슷하지만, 전류의 방향을 반전시킬 수 있다는 점이 다르다. 전류의 방향을 반전하면 열의 흐름도 반전된다. 또한, 소자에 흘리는 전류의 세기를 조절함으로써 열이 이동하는 양을 조절할 수 있다.

펠티에 효과란?

19세기 프랑스에서 펠티에가 발견했다. 초기의 펠티에 소자는 냉각 능력이 좋지 않아서 실용적이지 않다는 평가를 받았지만, 반도체 소재가 발전하면서 점점 기능이 향상되었다. 최근에는 특수한 장치를 냉각하는 데 이용될 뿐만 아니라, 와인 저장고처럼 넓은 공간을 차갑게 만드는 데에도 쓰인다.

복사기는 어떻게 문서를 복사할까?

정전기 응용하기

공기가 건조한 곳에서 옷을 벗으면 때때로 빠지직하는 소리가 나는데, 이는 정전기 때문에 생기는 현상이다. 일상 생활 속에서 마주치는 정전기는 성가신 존재지만, 복사기와 프린터에서는 대단히 중요한 기능을 한다.

먼저 복사기가 원본 문서를 읽어 들이는 원리부터 알아보자.

종이가 하얗게 보이는 이유는 빛을 잘 반사하기 때문이며, 펜으로 쓴 글씨가 검게 보이는 이유는 빛을 잘 반사하지 않기 때문이다. 그래서 문서에 강한 빛을 쪼였을 때 반사되는 빛의 강약을 통해 문서의 어느 부분에 글씨가 쓰여 있는지 알아낼 수 있다. 이렇게 읽어 들인 정보는 다른 종이 위에 어떻게 재현될까?

플라스틱같이 전류가 잘 흐르지 않는 물체를 절연체라고 하며, 금속같이 전류가 잘 흐르는 물체를 도체라고 한다. 절연체의 표면에는 정전기의 원인이 되는 전하가 모일 수 있지만, 도체는 그렇지 않다. 그래서 플라스틱 책받침으로는 쉽게 정전기를 일으킬 수 있지만, 금속판으로는 힘든 것이다.

복사기에 들어 있는 감광체는 평소에는 절연체지만 빛을 쪼이면 도체가 되는 물질이다. 그럼 만약 어두운 방에서 감광체 표면에 전하를 잔뜩 모은 다음 그 일부에 강한 빛을 쬐면 어떻게 될까?

빛을 쬐어 도체가 된 부분에 있던 전하는 다른 곳으로 흘러가 버리고, 빛을 쬐지 않은 부분에 있던 전하는 그대로 남아 있을 것이다. 거기에 탄소가 주성분인 검고 고운 가루(토너)를 뿌리면, 정전기 유도 때문에 토너는

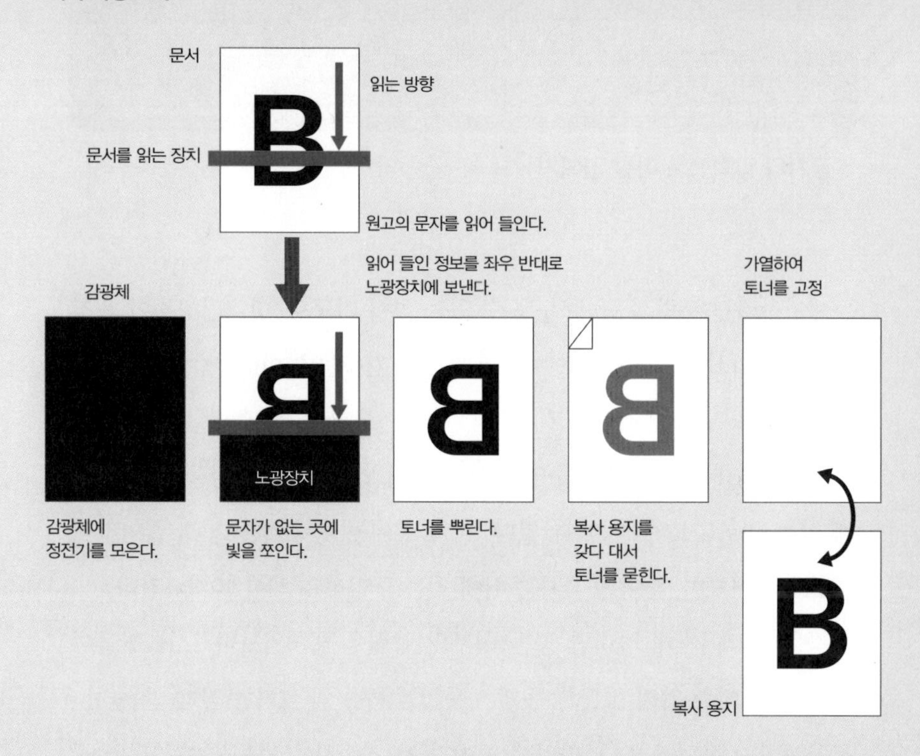

전하가 있는 곳에 모인다. 그 상태에서 감광체에 종이를 갖다 대면 감광체의 빛을 쬐지 않은 부분에 있던 검은 가루만 종이에 묻을 것이다.

실제 복사기와 프린터에서는 가느다란 텅스텐 선 등을 이용한 코로나 방전이라는 방법으로 감광체 표면에 음전하를 고르게 분포시킨다.

그리고 읽어 들인 문서 정보를 바탕으로 감광체에 강한 빛을 쬐인다. 거기에 토너를 뿌린 다음 종이에 전사하고, 종이를 가열하는 등의 방법으로 토너를 종이에 밀착시키면 복사가 모두 끝난다. 마지막으로 감광체를 깨끗하게 청소하면 다시 위의 과정을 반복할 수 있다.

레이저 프린터와 LED 프린터도 기본적인 원리는 같다. 이들이 복사기와 다른 점은 컴퓨터에서 넘겨받은 정보를 바탕으로 레이저 광선이나 LED의 빛을 감광체에 쬐인다는 점이다.

열역학

역학

유체

에어하키의 퍽이 미끄러지는 원리

공기의 압력으로 마찰 없애기

에어하키는 오락실 등에서 볼 수 있는 놀이 기구로, 미끄러지듯이 움직이는 퍽(플라스틱 원반)을 서로 치면서 점수를 겨루는 놀이다. 에어하키의 퍽은 어떤 원리로 미끄러지는 걸까?

에어하키대의 상판에는 구멍이 많이 뚫려 있는데, 이 구멍들은 판 아래에 있는 공동(空洞)에 이어져 있다. 이 공동에는 송풍기를 통해 끊임없이 공기가 들어오며, 들어온 공기는 위에 있는 구멍을 통해서 빠져나간다.

퍽을 미끄러지게 하려면 공동 내부의 압력을 대기압보다 크게 만들어 줘야 한다. 이를 위해 상판의 두께는 두껍게, 구멍의 크기는 작게 만든다.

공기에는 점성이 있다. 따라서 공기가 가늘고 긴 구멍을 통과하려면 구멍이 가진 커다란 점성 저항을 이겨낼 정도로 높은 압력(큰 압력 차)이 필요하다. 에어하키대는 두꺼운 상판에 가늘고 긴 구멍이 뚫려 있으므로 공동의 압력 P_1을 대기압 P_0보다 높은 상태로 유지할 수 있다.

상판 위에 퍽을 놓으면 퍽 아래에 있는 구멍은 마치 뚜껑이 덮인 것과 같은 상태가 되므로 공기의 흐름이 막힌다. 따라서 퍽 아래의 공기 압력은 공동 내부의 압력과 같아진다. 그러면 대기와의 압력 차 때문에 퍽에는 위 방향으로 힘이 작용한다. 퍽은 이 위 방향의 힘과 아래 방향으로 작용하는 중력이 평형을 이루는 위치에서 붕 떠 있게 된다. 이처럼 퍽 위아래의 압력 차를 이용하여 퍽을 띄워 마찰을 없앰으로써 약간의 힘만으로도 쉽게 퍽을 움직일 수 있다.

① 에어하키의 퍽과 에어하키대의 구조

대기압 P_0

공기 분출

퍽

오목한 부분

가장자리

상판

구멍

압력 $P_1(>P_0)$

공기

공동

송풍기

퍽 위아래의 가운데 부분은
약간 오목하게 패여 있다.

② 공기의 압력 변화

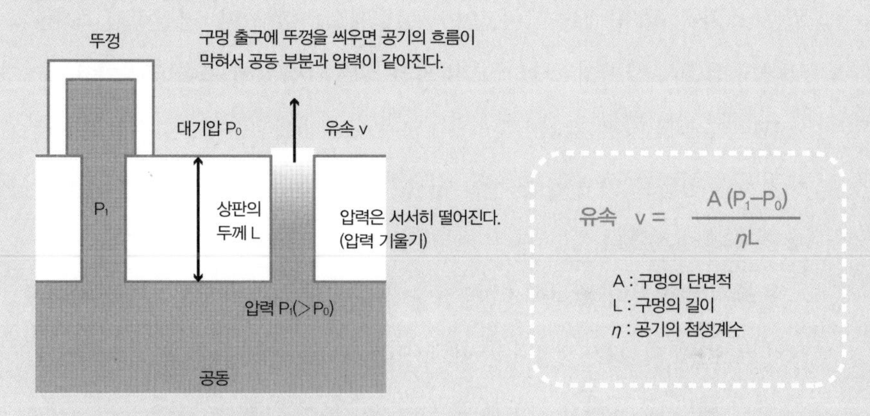

③ 퍽을 움직이는 공기의 압력 차

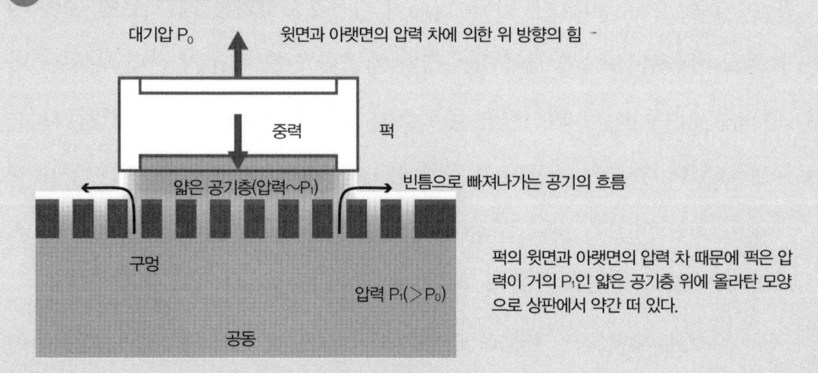

퍽의 윗면과 아랫면의 압력 차 때문에 퍽은 압력이 거의 P_1인 얇은 공기층 위에 올라탄 모양으로 상판에서 약간 떠 있다.

연필과 지우개, 지울 수 있는 볼펜의 원리

친화성과 마찰열

연필심의 재료는 16세기에 영국에서 발견된 흑연이라는 검은 물질이다. 흑연의 구조는 탄소 원자로 이루어진 육각형의 벌집(허니콤) 판이 겹겹이 쌓여 있는 형태로 되어 있다. 각 판 사이의 결합력은 아주 약해서 쉽게 떨어져 나갈 수 있는데, 이러한 성질을 벽개(cleavage)라고 한다. 종이에 연필로 글씨를 쓸 수 있는 것은 이런 성질에서 기인한다. 연필심의 흑연이 종이의 섬유에 걸려서 벗겨지고 벗겨진 흑연은 종이에 묻어 글씨가 된다.

18세기에 조지프 프리스틀리(Joseph Priestley)가 우연히 고무로 종이를 문지르면 연필로 쓴 부분을 지울 수 있다는 사실을 발견했는데, 이것이 바로 지우개의 시초다.

흑연은 종이보다 고무에 더 달라붙기 쉬운데, 이를 두고 고무가 흑연에 대해 높은 친화성을 지닌다고 한다. 이는 연필로 쓴 글씨 위에 지우개를 꾹 갖다 대면 그 글씨가 지우개에 묻는 것으로 확인할 수 있다.

지우개는 종이에 대고 문지르면 표면이 떨어져 나가서 지우개 표면을 항상 깨끗하게 유지할 수 있다. 그래서 지우개로 종이를 문지르면 종이 섬유에 달라붙어 있던 흑연이 지우개의 깨끗한 면으로 옮겨 간다. 이것이 바로 지우개의 원리다. 최근에는 플라스틱 지우개 등으로 문지르면 지워지는 볼펜도 있다. 볼펜의 잉크에 비밀이 있는데, 그 잉크는 65℃로 가열했을 때 무색이 되는 성질을 지니고 있다. 그래서 볼펜으로 쓴 부분을 플라스틱 지우개 등으로 문지르면 마찰열 때문에 잉크가 가열되어 색이 없어진다.

이 잉크의 재미있는 부분은 가열해서 무색이 되어도 -20℃ 이하에서는

1 흑연의 결정 구조

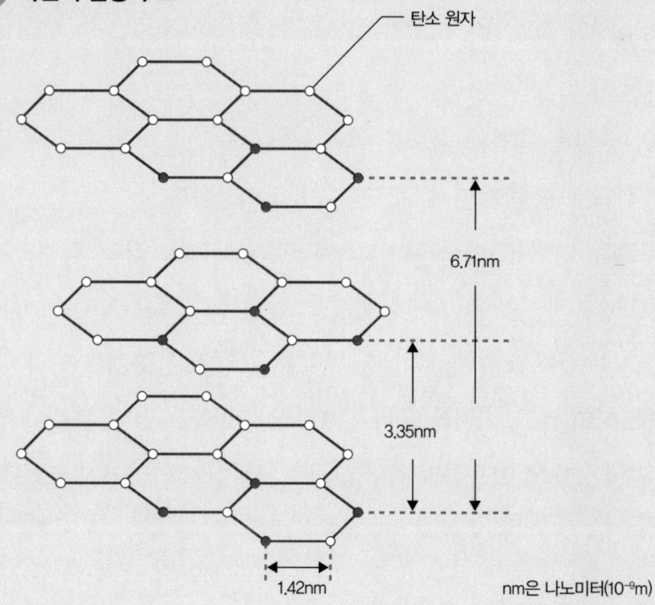

nm은 나노미터(10^{-9}m)

2 연필과 지워지는 볼펜의 차이

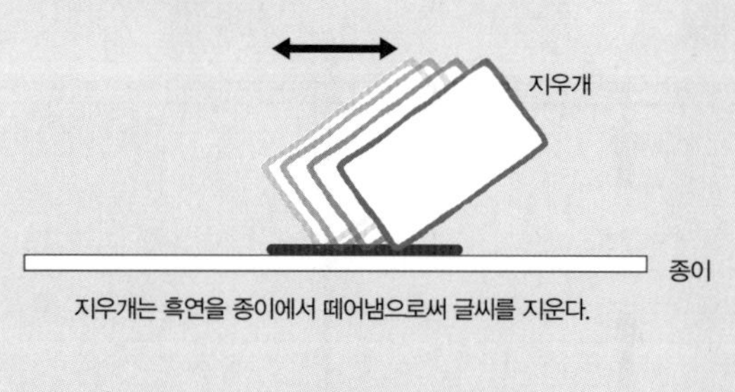

지우개는 흑연을 종이에서 떼어냄으로써 글씨를 지운다.

지워지는 볼펜은 마찰열로 종이를 65℃ 이상으로
가열함으로써 잉크를 무색으로 만든다.

다시 원래 색으로 돌아간다는 점이다. 가정용 냉장고의 냉동실(약 −18℃)로는 조금 어렵지만 드라이아이스나 액체 질소 등을 이용하면 이 성질을 확인할 수 있다.

오늘날의 연필심은 흑연과 점토를 섞어 약 1,000℃로 구운 뒤 기름을 섞은 것이다. 샤프심은 점토 대신 고분자 수지를 이용한다.

참고로 흑연을 이루는 판 하나를 그래핀(graphene)이라고 하며, 이를 발견한 안드레 가임(Andre Geim)과 콘스탄틴 노보셀로프(Konstantin Novoselov)는 2010년에 노벨물리학상을 받았다. 그래핀은 두께가 원자 하나 정도로 투명성이 높고, 전기를 흘리기 쉽다는 성질을 지닌다. 그래서 디스플레이용 전극 등으로 응용하기 위한 연구가 활발하게 이루어지고 있다.

③ 지워지는 볼펜에 들어 있는 잉크의 특성

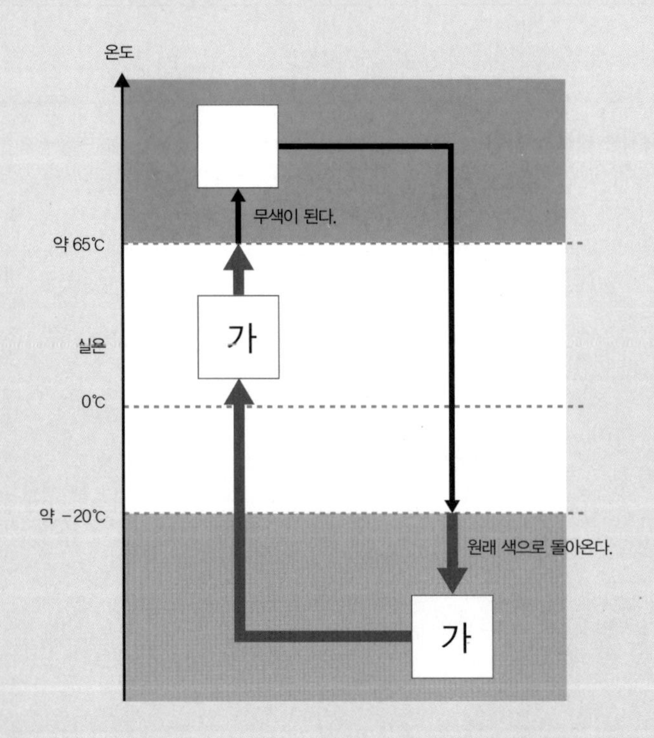

천 년 동안 무너지지 않은 아치형 돌다리의 비밀

작용 반작용의 법칙

아치형 구조물은 고대 로마를 비롯한 수많은 나라에서 오래전부터 만들어졌다. 언뜻 보면 아치 중앙에 있는 돌에는 아무런 지지대가 없는 것 같은데, 어떻게 천 년 동안이나 무너지지 않을 수 있었는지 한번 생각해 보자.

아치형 다리를 구성하는 각 돌에는 아래 방향으로 돌의 질량에 비례한 중력이 작용한다. 만약 돌을 들어 올린 다음 공중에서 놓아 버리면 아래로 떨어지겠지만, 단단하고 평평한 바닥 위에 놓으면 안정된 상태로 가만히 멈춰 있을 것이다. 그 이유는 그림 ②처럼 공중에서는 돌에 중력만 작용하지만, 바닥에서는 중력뿐만 아니라 수직항력도 작용하여 두 힘이 평형을 이루기 때문이다. 수직항력은 바닥이 돌을 위로 밀어 올리는 힘이다. 따라서 아치 중앙에 있는 돌을 지탱하려면 위에서 설명한 수직항력에 해당하는 힘이 있어야 한다.

사실 아치형 다리를 만드는 비결은 바로 돌의 모양에 있다. 잘 보면 돌의 단면이 직사각형이 아니라 사다리꼴이라는 사실을 알 수 있다.

그림 ③은 아치형 다리의 중앙 부근을 확대한 것이다. 돌 A는 자신의 양옆에 있는 돌 B, C를 아래 방향으로 약간 밀어낸다. 즉, 아래 방향으로 힘이 작용하는 셈이다. 그 반작용으로 돌 A도 돌 B와 C에서 위 방향으로 약간 밀어내는 힘을 받는다. 이 두 가지 반작용을 더하면 딱 돌 A에 작용하는 중력과 평형을 이룰 만큼의 힘이 된다.

즉, 아치형 다리를 구성하는 돌은 자신의 양옆에 있는 돌을 밀어냄으로

① 아치형 다리

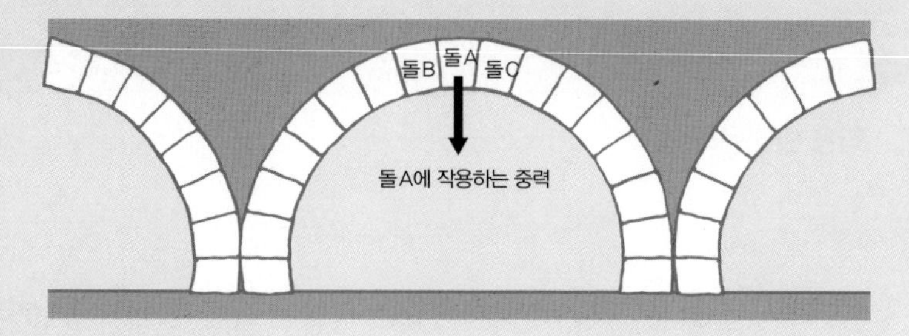

② 가운데 돌을 바닥에 뒀을 때

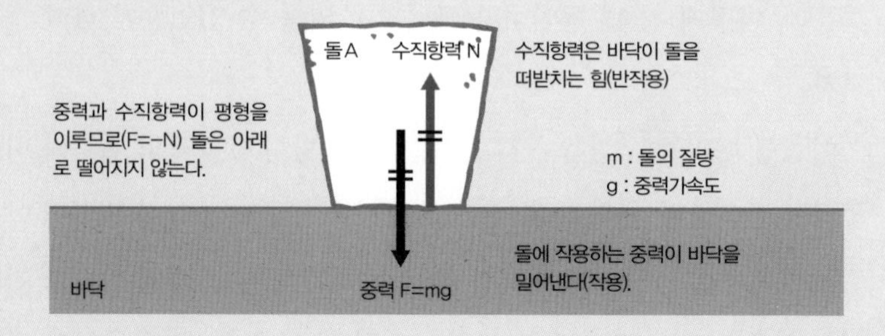

③ 아치형 중앙 부근의 돌 세 개

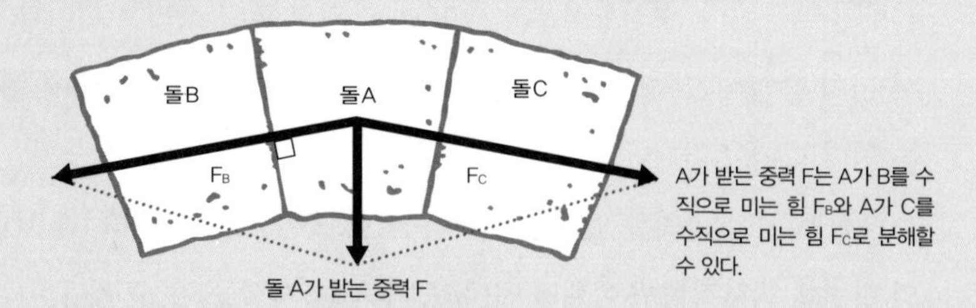

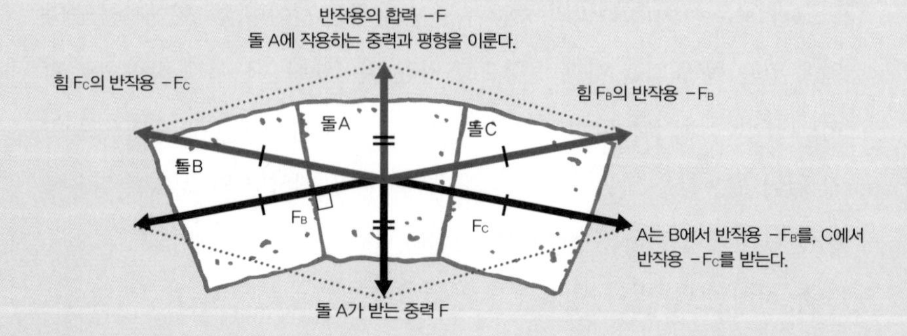

④ 작용 반작용의 법칙

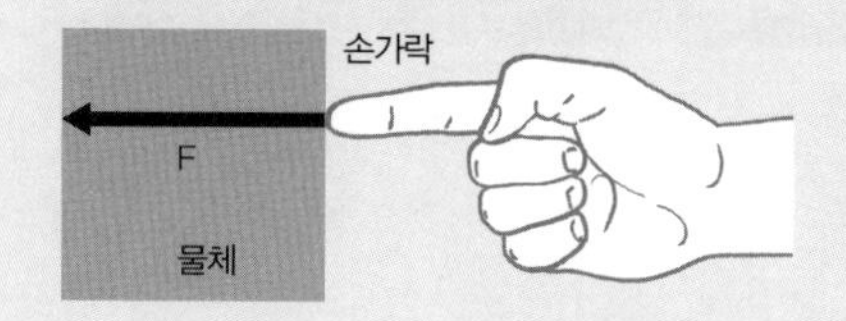

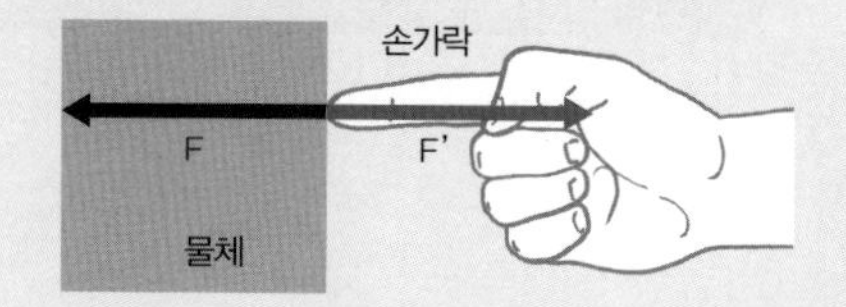

손가락이 물체에 작용하면, 손가락은 물체로부터 반드시 반작용을 받는다.
작용과 반작용의 크기는 같으며 방향은 반대다.

⑤ 트러스 구조

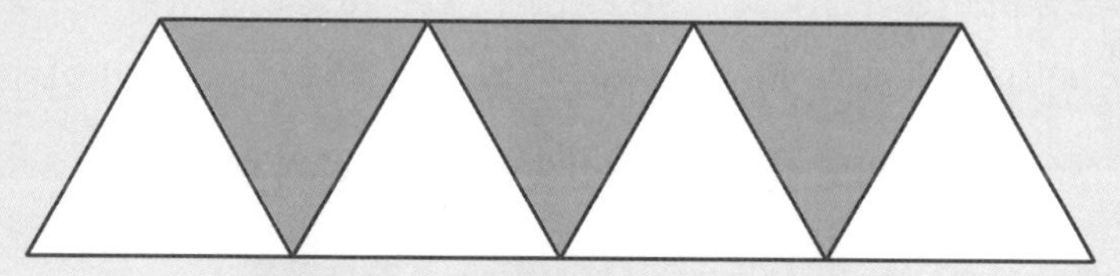

근대에는 압축이나 끌어당기기에도 강한 재료가 등장해서 꼭 아치 구조로 만들 필요는 없어졌다. 위 그림은 철도가 지나는 다리 등에서 자주 쓰이는 트러스 구조다.

써 받는 반작용으로 자신의 무게를 지탱하고 있는 것이다. 돌끼리는 중력보다 큰 힘으로 서로를 밀어내겠지만, 돌은 압축하려는 힘 때문에 매우 강하게 버틸 수 있다. 따라서 돌의 종류를 잘 선택한다면 문제없다.

단, 최종적으로 다리의 모든 중량을 지탱하는 것은 아치의 양 끝에 있는 땅바닥이므로 그 부분의 지반이 튼튼하지 않다면 다리는 무너져버릴 것이다. 아치형 다리를 만들 때는 우선 아치 모양으로 나무 지지대를 만든 다음, 그 위에 돌을 가지런히 쌓고 지지대를 제거한다. 만약 돌을 제대로 쌓지 못했다면 나무 지지대를 제거하자마자 아치는 무너질 것이다.

아치는 현대에도 자주 쓰이는 대단히 뛰어난 구조다. 댐의 벽이나 터널 벽면 등 압축하는 힘이 강하게 작용하는 구조물에 흔히 쓰인다.

자동문이 열리고, 리모컨으로 채널이 바뀌는 원리

적외선 이용하기

요새 나오는 전자제품에는 대체로 리모컨이 달려 있다. 리모컨은 보통 적외선이라는 빛을 이용해 전자제품의 수광 장치에 신호를 보낸다.

적외선의 파장은 수십 μm이므로 눈으로 직접 볼 수 없지만, 디지털카메라 등을 이용하면 리모컨 버튼을 눌렀을 때 송신부가 깜박이는 모습을 확인할 수 있다. 이는 카메라 등에 쓰이는 CCD나 MOS 센서가 인간의 눈에 보이지 않는 빛도 감지하여 영상으로 만들어 주기 때문이다.

그럼 리모컨은 적외선으로 어떤 신호를 보내고 있을까?

적외선이 닿으면 저항값이 변화하는 적외선 센서와 오실로스코프로 리모컨에서 나오는 신호를 해석해 보면 약 0.5~1.2ms 동안 적외선이 켜지거나 꺼지는 모습을 확인할 수 있다.

적외선 리모컨의 디지털 신호는 조금 특이하다. 가령 짧게 꺼졌다가 짧게 켜지면 0이라는 뜻이고, 짧게 꺼졌다가 길게 켜지면 1이라는 뜻이다.

즉, 리모컨의 수광 장치는 이 깜박임의 패턴을 해석함으로써 어떤 버튼이 눌렸는지 해석하고 채널을 바꾸는 것이다.

그런데 TV와 정반대 방향을 향해 리모컨 버튼을 눌러도 정상적으로 채널이 바뀔 때가 있다. 이는 적외선이 벽에 반사되어 TV의 수광 장치로 들어가기 때문이다.

그밖에도 적외선은 자동문이나 세면대 등에 달린 사람의 움직임을 감지하는 센서(모션 센서)에도 쓰인다. 모션 센서로는 수동형 센서와 능동형 센서가 있다.

1 리모컨에서 나오는 적외선 신호

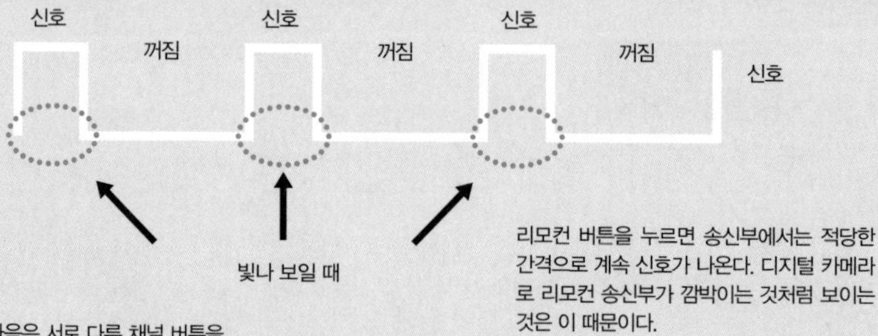

리모컨 버튼을 누르면 송신부에서는 적당한 간격으로 계속 신호가 나온다. 디지털 카메라로 리모컨 송신부가 깜박이는 것처럼 보이는 것은 이 때문이다.

※다음은 서로 다른 채널 버튼을 눌렀을 때의 신호 앞부분

1채널

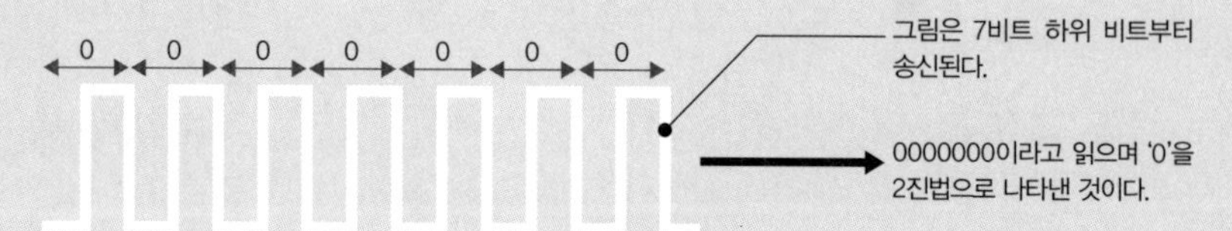

그림은 7비트 하위 비트부터 송신된다.

0000000이라고 읽으며 '0'을 2진법으로 나타낸 것이다.

2채널

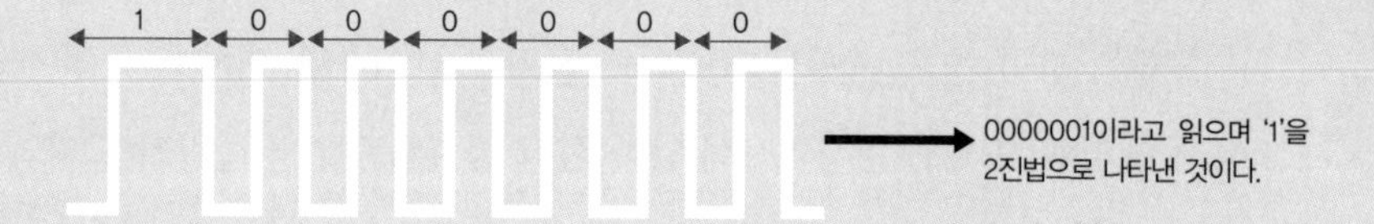

0000001이라고 읽으며 '1'을 2진법으로 나타낸 것이다.

6채널

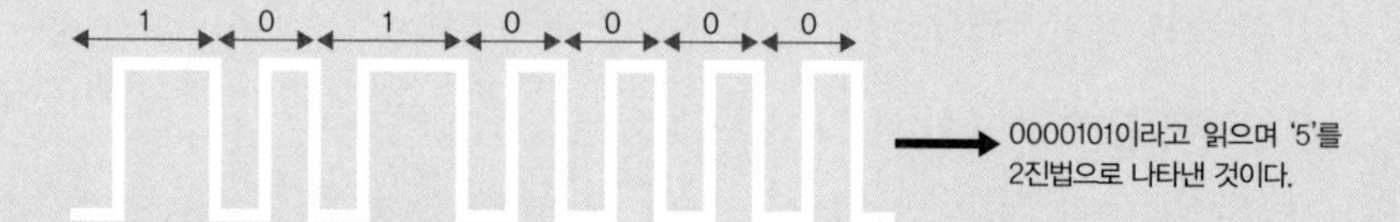

0000101이라고 읽으며 '5'를 2진법으로 나타낸 것이다.

2 적외선 신호의 0과 1 표현법

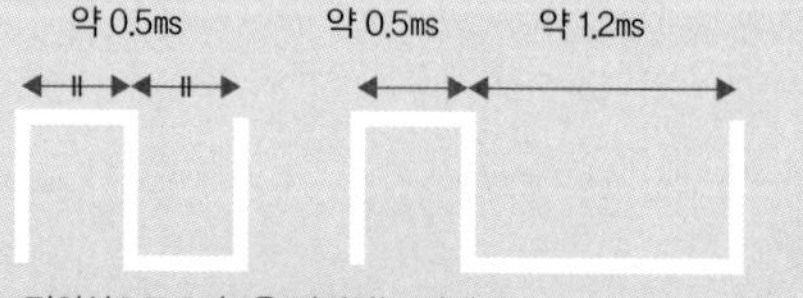

적외선으로 0과 1을 판별하는 사례

TV 리모컨의 채널 버튼을 눌렀을 때 송신되는 적외선 신호의 예시와 적외선으로 0과 1을 표현하는 법

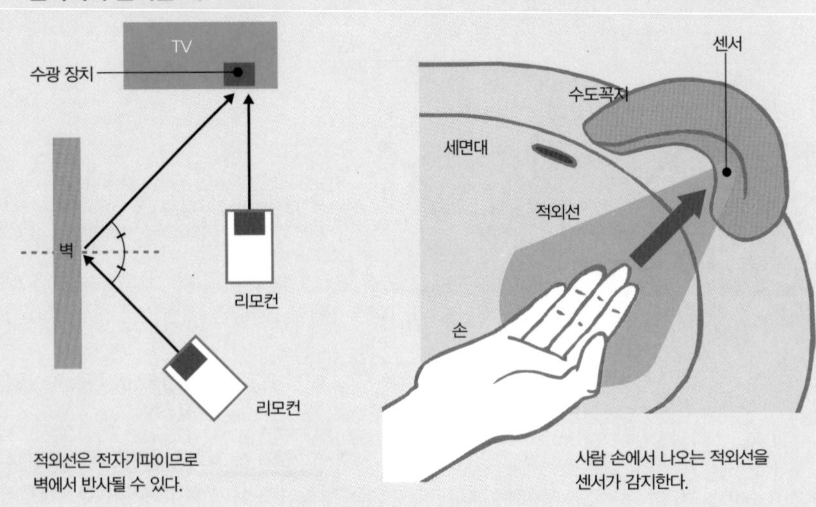

적외선은 전자기파이므로 벽에서 반사될 수 있다.

사람 손에서 나오는 적외선을 센서가 감지한다.

수동형은 사람 몸 표면에서 방출되는 적외선을 이용한 센서다. 특정 장소에서 센서에 들어오는 적외선의 양을 항상 감시함으로써 사람의 움직임을 감지한다.

능동형은 센서가 특정 장소로 쏜 적외선이 반사되거나 가로막히는 모양을 항상 감시한다. 따라서 적외선을 많이 방출하지 않는 차가운 물체의 움직임도 감지할 수 있다.

컵 안의 물은 왜 밀려 올라갈까?

물의 표면장력과 계면장력

유리컵에 물을 부은 다음 옆에서 보면 컵 안쪽의 벽면 근처에서 물이 살짝 밀려 올라가 있는 것을 볼 수 있다. 표면장력과 계면장력 때문에 생기는 현상이다.

우리 주변에 있는 사물은 분자로 이루어져 있다. 분자는 홀로 존재할 때보다 다른 분자와 함께 있으면 서로 끌어당길 때 에너지 준위가 더 낮다.

따라서 액체 안에 있는 분자는 사방에 있는 다른 분자 덕에 에너지 준위가 낮다. 하지만 액체 표면에 있는 분자 위에는 다른 액체 분자가 없으므로 액체 안에 있는 분자보다 에너지 준위가 높다. 즉, 액체의 표면(환경이 불연속적으로 변화하는 영역)이 넓을수록 전체적인 에너지도 높아진다는 뜻이다. 그래서 액체에서는 되도록 겉넓이를 작게 만드는 방향으로 표면장력(γ_{LV})이 작용한다.

수도꼭지에서 떨어지는 물방울의 모양이 둥근 이유는 겉넓이를 최소화할 수 있는 모양이 바로 구형이기 때문이다.

한편, 고체에서는 분자가 자유롭게 움직이지 못한다. 그래서 주변에 있는 다른 분자를 표면으로 끌어당김으로써 에너지를 낮추려고 한다. 이 인력도 고체의 겉넓이를 작게 만드는 방향으로 작용하므로 이는 고체의 표면장력(γ_{SV})이라고 할 수 있다.

액체와 고체가 접하는 계면을 보면 같은 종류의 분자끼리는 서로 끌어당기지만, 환경이 불연속적으로 변화하는 경계면은 에너지가 높으므로 이를 최소화하는 방향으로 힘이 작용한다. 이것이 바로 계면장력(γ_{SL})이다.

1 에너지와 분자 간 거리의 관계

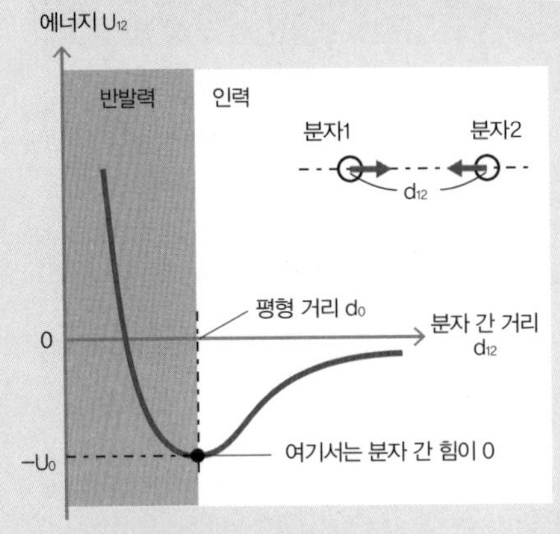

지나치게 가깝지 않은 한 에너지는 음수다.
평형 거리에서 에너지값은 최소가 된다.

2 액체의 표면장력(V_{LV})과 고체의 표면장력(V_{SV})

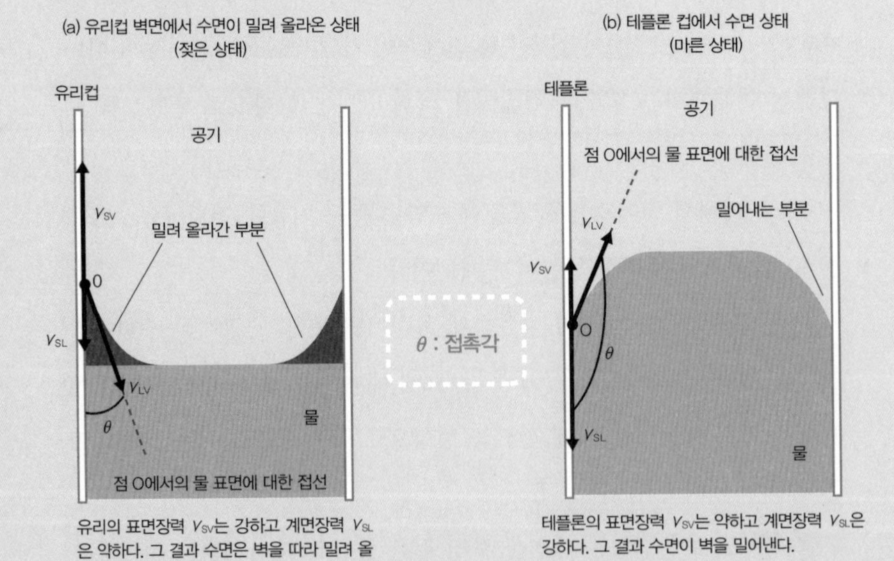

유리의 표면장력 V_{SV}는 강하고 계면장력 V_{SL}은 약하다. 그 결과 수면은 벽을 따라 밀려 올라간다.

테플론의 표면장력 V_{SV}는 약하고 계면장력 V_{SL}은 강하다. 그 결과 수면이 벽을 밀어낸다.

(a) 유리컵과 (b) 테플론 컵에서 액체의 표면장력(V_{LV}), 고체의 표면장력(V_{SV}), 계면장력(V_{SL})이 서로 평형을 이룰 때의 모습은 위와 같다. θ가 예각(예: 물과 유리컵이면 약 8°)이면 젖은 상태라고 부르고, 둔각(예: 물과 테플론이면 약 100°)이면 마른 상태라고 부른다.

계면장력의 크기는 두 물질의 종류에 따라 다르다.

물이 들어 있는 유리컵의 예로 돌아가자. 유리는 표면장력이 강하고 물과의 계면장력이 약하므로 물이 유리 벽면을 따라 밀려 올라간다. 이때 점성 때문에 주변에 있는 물도 함께 밀려 올라가므로 물의 표면적이 더 넓어진다. 따라서 어느 정도 물이 밀려 올라가면 표면장력과 끌어올리는 힘이 평형을 이루어 안정된다.

그럼 발수성(표면에 물이 잘 스며들지 않는 성질 – 옮긴이)이 뛰어난 테플론으로 만든 컵이라면 어떨까?

테플론은 유리와 반대로 표면장력이 약하고 물과의 계면장력이 강하다(친화성이 낮다). 따라서 벽면 근처에서는 수면이 약간 내려간 상태가 된다.

제2장

자연과 물리

왜 하늘은 다양한 색으로 보일까?

레일리 산란

하늘은 낮에 보면 파란색이지만 해가 뜨고 질 때는 빨갛게 보인다. 왜 그런 걸까?

햇빛은 원래 흰색인데, 사실 흰색 빛은 파랑, 초록, 노랑, 빨강 등의 다양한 빛이 겹쳐진 것이다. 또한 빛은 전자기파라 불리는 파동의 일종으로 파란색 빛의 파장은 약 450nm(나노미터 : 10억 분의 1미터)이고 빨간색 빛의 파장은 약 750nm다.

보통 빛은 뭔가에 부딪히면 진행 방향을 바꾼다. 이 현상을 빛의 산란이라고 한다. 특히 빛의 파장의 1/10 미만의 크기를 지니는 입자에 의한 산란을 레일리 산란이라고 부른다. 가령 지구의 대기(공기)를 이루는 주성분인 질소와 산소 분자가 그 작은 입자에 해당한다.

레일리 산란은 긴 파장의 빛보다 짧은 파장의 빛에서 더 쉽게 일어나는데, 구체적으로 말하자면 레일리 산란이 일어나기 쉬운 정도는 빛의 파장의 4승에 반비례한다. 따라서 파란색 빛이 산란되는 정도는 빨간색 빛의 약 8배 이상이다.

낮에 햇빛은 거의 위에서 아래로 수직으로 내리쬔다. 그러면 그림 ③(a)처럼, 원래는 관측자 B에게 갔어야 할 햇빛 중 파란색 계통의 빛 일부가 산란 때문에 관측자 A에게 가버린다. 그래서 A에게는 산란된 빛이 온 방향의 하늘이 파랗게 보이는 것이다.

대기는 지표면에 가까울수록 밀도가 높아지고 대기의 90% 이상이 지상에서 20km 이내에 존재한다. 즉, 하늘을 파랗게 만드는 산란은 생각보

1 빛의 색과 파장의 관계

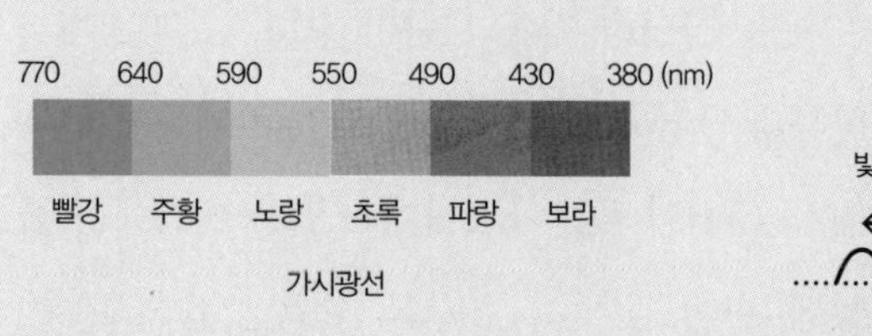

2 빛의 산란

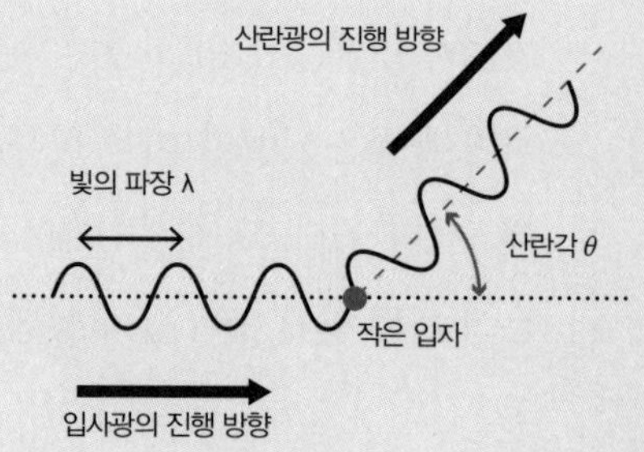

레일리 산란에서는 산란 전후로 빛의 파장이 변하지 않는다.

3 낮과 해가 뜨고 질 때 햇빛과 관측자 A의 관계

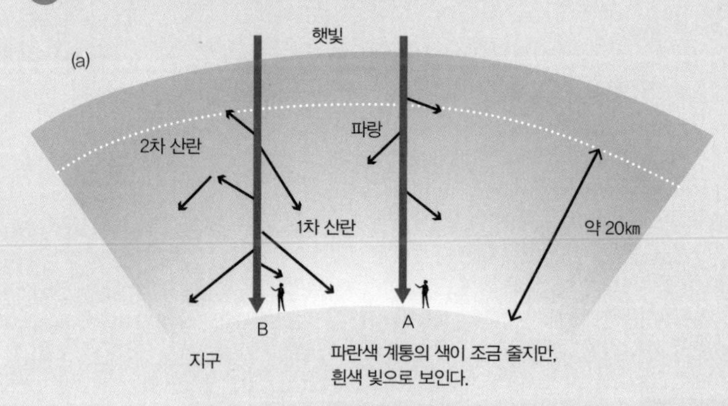

낮(햇빛이 대기를 지나는 거리가 짧다.)

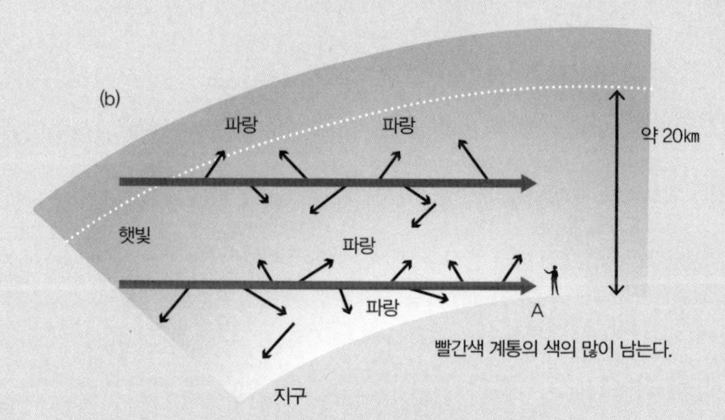

해가 뜨고 질 때(햇빛이 대기를 지나는 거리가 길다.)

다 낮은 고도에서 이루어지고 있는 셈이다.

한편, 해가 뜨고 지는 시간대에서는 햇빛이 관측자 A에게 도달하려면 고도가 낮은(공기 밀도가 높은) 곳을 상당히 길게 지나야 한다. 그 과정에서 파란색 빛은 낮보다 더욱 심하게 산란되며, 초록색과 노란색 계통의 일부 빛도 산란된다. 그 결과 그림 ③(b)처럼 햇빛이 A에게 도달할 때쯤에는 붉은색 계통 빛이 많이 남아 있게 된다.

오로라는 어떻게 생기는 걸까?

하전 입자와 분자 · 원자의 충돌

오로라는 북극과 남극 주변 등 고위도 지방의 하늘에서 나타나는 발광 현상인데, 과학적으로는 아직 해명되지 않은 부분이 많다. 북위 65~70도 부근은 오로라가 자주 발생하는 곳이라 오로라 벨트라고 불리며, 관광지로도 유명하다.

오로라는 주로 빨간색, 초록색, 보라색 등의 빛이 극지 지방의 고도 100~500km 부근에 나타나는 현상이다. 이 고도는 대기권 중에서도 열권에 해당하며 수많은 생물이 사는 대류권(고도 0~약 18km)과 아주 멀리 떨어져 있다. 따라서 지상의 온도와 습도 등의 기상 조건이 오로라에 영향을 미칠 일은 거의 없다.

정밀한 관찰 결과에 따르면, 오로라에서 나오는 빛의 파장은 산소와 질소가 높은 에너지 상태(들뜬 상태)에서 낮은 에너지 상태(바닥 상태)로 변화할 때 방출하는 빛(고유 스펙트럼)의 파장과 일치한다. 질소에서 유래한 빛이 빨강과 보라이며, 산소에서 유래한 빛이 빨강과 초록이다.

즉, 오로라란 어떤 하전 입자가 매우 높은 고도에 있는 옅은 대기를 구성하는 기체 분자 · 원자와 충돌함으로써 생기는 발광 현상이다. 그 기체와 충돌하는 하전 입자는 태양에서 날아온 것이다. 지구는 태양이 방출하는 빛뿐만 아니라 태양 표면에서 나오는 플라스마의 흐름(태양풍)에도 노출되어 있다. 플라스마란 매우 뜨거운 기체가 양이온과 전자로 분리된 상태를 말한다. 보통 하전 입자는 지구의 자기장(지자기)에 가로막혀 지구를 비켜가지만, 플라스마가 태양에서 가져오는 자기장의 방향에 따라서는 일부가

1 고도와 공기 밀도

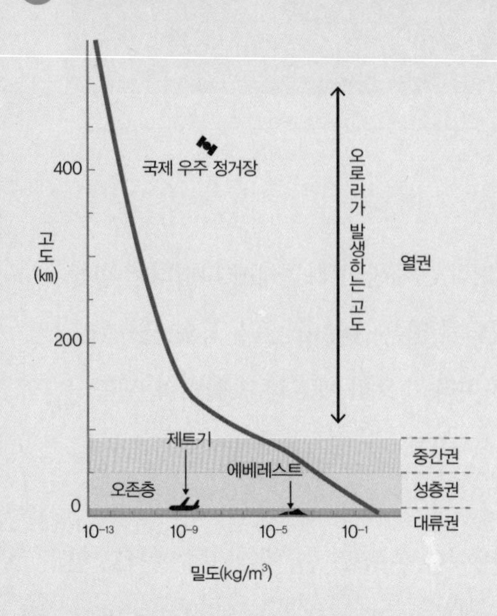

2 지구의 자기권에 부는 태양풍

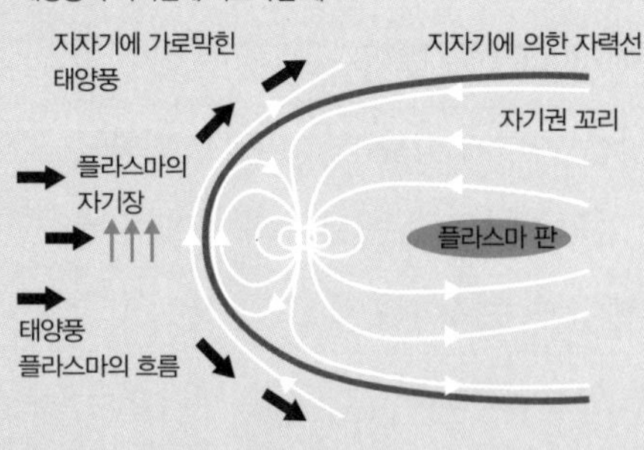

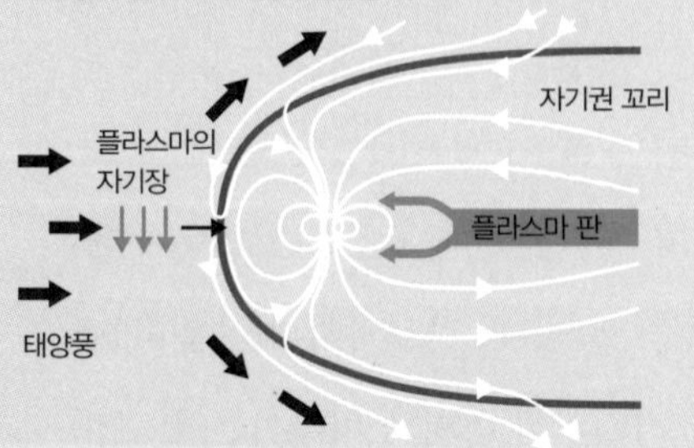

3 자기력선 주위에서 나선 궤도로 낙하하는 전자(하전 입자)

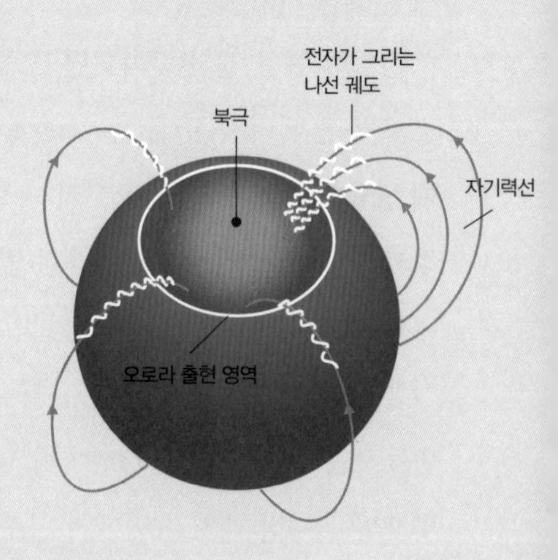

로런츠 힘

자기장 안에서 운동하는 하전 입자에 작용하는 힘

지구의 자기권에 들어올 수 있다. 자기권에 침입한 플라스마는 지구의 밤쪽에 있는 플라스마 판(plasma sheet)에 모인다.

이것이 어떤 계기로 지구로 끌려오면, 로런츠 힘에 의해 자기력선 주위에서 나선 궤도를 그리며 극지를 향해 떨어진다. 이때 떨어지는 플라스마가 열권의 대기를 구성하는 분자 · 원자와 충돌하는 것이 오로라가 생기는 원리로 알려져 있다.

'푄 현상'은 왜 일어날까?

강한 바람과 높은 산의 상관관계

2016년 4월을 기준으로 일본 역대 최고 기온은 2013년 8월 12일에 고치현 시만토시에서 관측된 41.0℃다. 이에 비견할 만한 다른 기록으로는 1933년 7월 25일에 야마가타시에서 관측된 40.8℃(역대 4위)가 있다. 야마가타시의 기록은 푄 현상에 의한 것이며, 푄 현상으로 인한 기록으로는 역대 1위다.

푄이란 원래 스위스의 산악 지대에서 관측되는 지역적인 열풍을 뜻하는 말이었지만, 오늘날에는 높은 산에서 뜨겁고 건조한 바람이 불어 내리는 것을 푄 현상이라고 부른다.

푄 현상은 축축하고 강한 바람과 구름이 걸릴 정도로 높은 산만 있으면 어디서든 일어날 수 있다. 강한 바람을 타고 바다를 건너온 따뜻한 공기 속에는 수증기가 아주 많이 포함되어 있다. 이 축축한 공기가 바람과 함께 이동하다 산을 만나면, 산을 따라 점차 높은 곳으로 올라간다. 이때 축축한 공기의 온도는 고도가 100m 오를 때마다 약 0.5℃ 내려간다.

공기는 부피가 일정하다면 온도가 높을수록 수증기를 많이 포함할 수 있다. 따라서 원래 수증기를 많이 포함하고 있던 공기가 차가워지면, 그동안 공기 속에 있던 수증기 중 일부가 물방울이나 얼음의 형태로 빠져나온다. 이때 수증기가 물방울이 되면서 주위에 응축열을 방출하므로 주변 공기의 온도가 오른다.

산 정상까지 올라온 공기는 그동안 포함하고 있던 수증기 중 상당 부분을 구름이라는 형태로 산에 남겨둔 채 반대편을 통해 산에서 내려가기 시

푄 현상의 원리

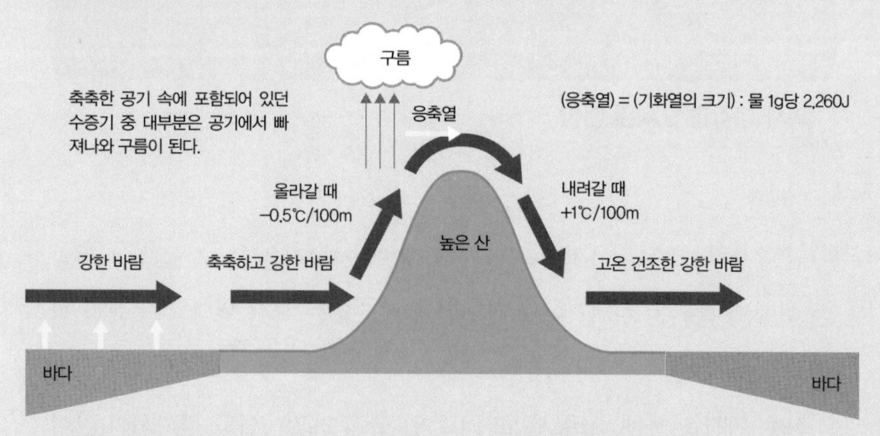

응축열 때문에 온도가 올라간 공기가 산에서 내려오면 더욱 온도가 올라서 뜨거워진다. 또한 푄 현상이 일어나면 아주 건조하고 강한 바람이 부는데, 그럴 때 화재가 발생하면 피해가 커지는 경향이 있다.

작한다. 올라올 때와는 달리, 내려갈 때는 수증기가 거의 남아 있지 않아서 공기가 무척 건조한 상태다.

건조한 공기의 온도는 고도가 100m 떨어질 때마다 약 1℃ 오른다. 따라서 산을 오르기 전의 공기 온도보다 산에서 내려온 후의 공기 온도가 더 높아진다.

즉, 푄 현상은 공기에 포함된 수증기의 양에 따라서, 공기의 온도가 오르고 내리는 정도가 다르기 때문에 생기는 현상이다.

역학

역학

광학

유체

전자기학

양자역학

파동

지구물리

추운 날 아침에는 왜 서릿발이 설까?

복사 냉각과 모세관 현상

맑고 추운 겨울날 아침에는 땅에 서릿발이 선 것을 볼 수 있다. 서릿발은 어떻게 생기는 걸까? 이에 관련된 현상으로는 복사 냉각과 모세관 현상을 꼽을 수 있다.

아주 차가운 물체, 가령 온도가 0℃인 물체 표면에서도 적외선이 많이 방출된다(그림 ①). 땅에서 방출된 적외선은 구름 등에 반사되어 다시 땅으로 돌아오는데, 만약 구름이 없다면 그대로 우주로 나가 버린다. 따라서 구름이 없을 때는 방출된 적외선만큼 땅이 차가워지는 셈이다. 이처럼 구름이 없는 새벽에 지상의 공기가 차가워지는 현상을 복사 냉각이라고 한다.

적당히 축축한 흙 속에는 서릿발을 만드는 데 필요한 물과 수증기 등이 들어 있다. 지표면에 있는 흙이 복사 냉각 때문에 차가워져서 0℃ 이하가 되면, 흙 알갱이 사이에 있는 물과 수증기가 얼어붙어서 얼음이 된다. 그러면 지표면에서는 물과 수증기의 양이 적어지므로, 지표면보다 더 깊은 곳에 있던 물과 수증기가 모세관 현상으로 인해 위로 끌려 올라온다. 이 물과 수증기도 서릿발 근처에 오면 마찬가지로 얼어 버린다. 이런 과정을 반복하면서 점점 서릿발이 길어진다.

서릿발 위에 붙어 있는 흙은 복사 냉각을 통해 서릿발 전체를 차갑게 만듦으로써 서릿발이 계속 자랄 수 있게 해준다. 서릿발은 흙이 너무 축축하거나 건조하면 생기지 않는다. 또한, 흙이 다양한 크기의 흙 알갱이로 이루어져 있으면 서릿발이 길게 자라는 경향이 있다.

1 0℃의 물체가 방출하는 빛의 에너지 (상대적 강도)

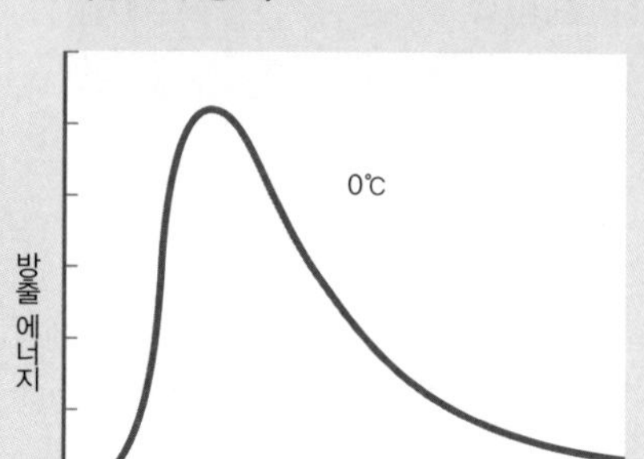

2 적외선과 가시광선의 관계

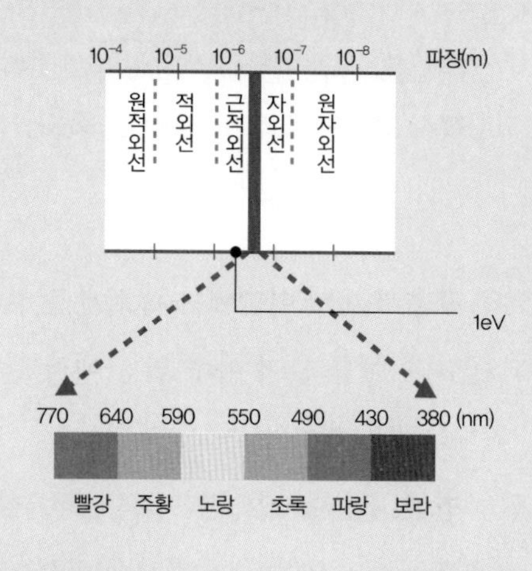

3 서릿발이 서는 원리

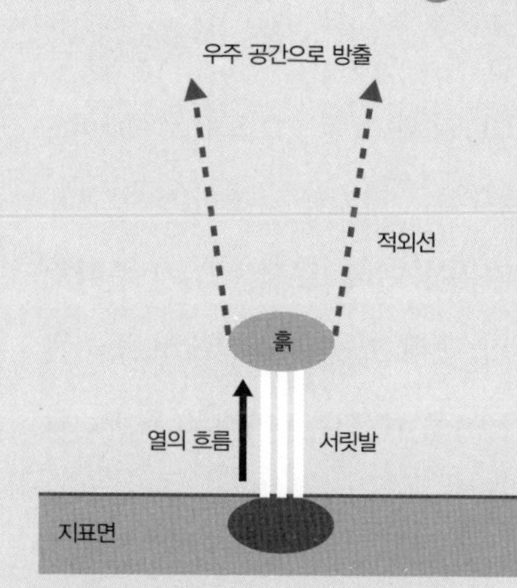

지표면에서 방출된 적외선이 다시 지표면으로 돌아오지 않는다. (지표면의 온도가 내려간다.)

지표면에서 방출된 적외선이 구름에 반사되어 다시 지표면으로 돌아온다. (지표면의 온도가 변하지 않는다.)

물의 모세관 현상

물이 좁은 공간을 채우듯이 퍼져 나가는 현상. 가는 유리관(모세관)을 컵 속에 든 물에 꽂으면 모세관 내부의 수면이 컵의 수면보다 높아지기에 모세관 현상이라고 불린다. 이 현상의 원인은 표면장력과 계면장력이다.

추운 날 아침에는 왜 먼 곳에서 나는 소리가 잘 들릴까?

복사 냉각과 소리가 전해지는 속도

추운 겨울날 아침에는 평소에 잘 들리지 않던 먼 곳에서 나는 소리도 잘 들린다. 예를 들어 아주 먼 곳에서 달리는 기차 소리가 이상하게 잘 들리는 식이다. 왜 그럴까?

밤에 구름이 없으면 지표면에서 방출한 적외선은 우주 공간으로 나간 채 돌아오지 않는다. 따라서 적외선으로 방출한 에너지만큼 지표면의 온도가 내려간다. 이 복사 냉각 현상 때문에 지표면이 차가워지면 평소와는 달리 하늘에 있는 공기보다 땅에 있는 공기가 더 차가운 역전층이 형성된다.

공기 중에서 음속 V는 공기의 온도가 t ℃일 때, $V = 331.5+0.6t$ (m/s)다. 즉, 공기가 따뜻할수록 소리는 빨리 전해진다.

소리는 공기 중에서 퍼져나가는 파동의 일종이다. 그래서 ①처럼 따뜻한 공기(음속 V_i)와 차가운 공기(음속 V_{i-1})가 접해 있는 경계면에서 소리는 굴절한다. 점 p에서 소리의 입사각이 θ_{i-1}이고 굴절각을 θ_i라고 할 때, 다음과 같이 굴절의 법칙이 성립한다.

$$\frac{\sin\theta_i}{\sin\theta_{i-1}} = \frac{V_i}{V_{i-1}}$$

만약 이러한 공기의 층이 높이에 따라 무수히 많이 쌓여 있다면, 지표면 근처의 음원에서 출발한 소리는 층의 경계면을 통과할 때마다 굴절되다가 결국은 어떤 경계면에서 전반사되어 다시 지상으로 향할 것이다. 이는 역전층처럼 공기의 온도가 고도에 따라 연속적으로 변할 때도 마찬가지다. 즉, ③처럼 연속적으로 굴절이 일어나면서 소리는 위로 볼록한 곡선을 그

① 고도가 높을수록 불연속적으로 음속이 빨라질 때

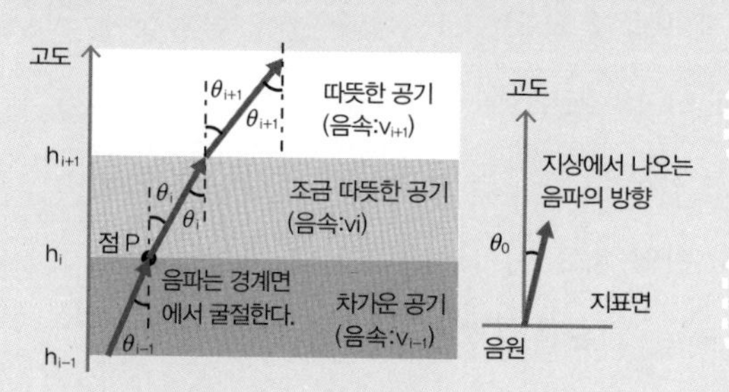

고도 h에서의 음속

$V(h) = V_0(1+ah)$라고 가정한다. (a는 양의 정수)

굴절의 법칙

$$\frac{\sin\theta_i}{\sin\theta_{i-1}} = \frac{\sin\theta_i}{\sin\theta_0} = \frac{V_i}{V_{i-1}} = 1+ah$$

공기층이 무수히 많이 쌓여 있고 위에 있는 층일수록 온도가 높을 때 소리가 나아가는 모양이다. 각 경계면에서 소리는 굴절한다.

② 어느 경계면에서 일어나는 전반사

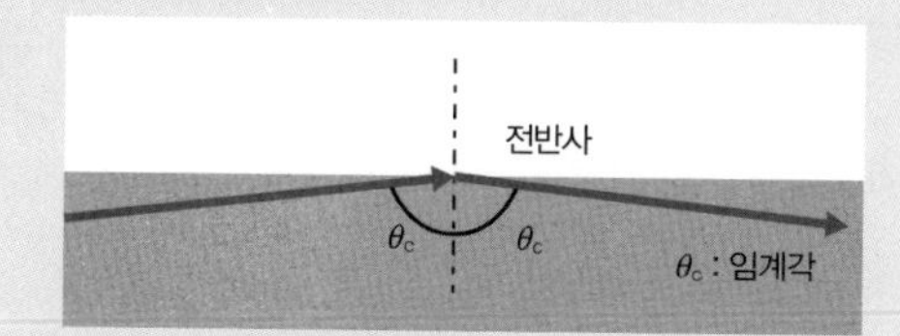

③ 음원에서 다양한 각도로 출발한 소리가 나아가는 경로

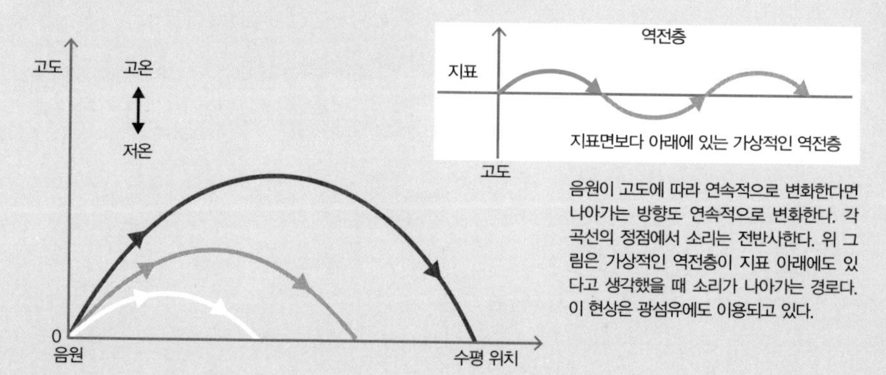

음원이 고도에 따라 연속적으로 변화한다면 나아가는 방향도 연속적으로 변화한다. 각 곡선의 정점에서 소리는 전반사한다. 위 그림은 가상적인 역전층이 지표 아래에도 있다고 생각했을 때 소리가 나아가는 경로다. 이 현상은 광섬유에도 이용되고 있다.

리며 나아간다.

즉, 어떤 이유로든 역전층이 생기면 평소에는 건물이나 언덕 등의 장애물 때문에 차단되어 들리지 않던 소리를 들을 수 있게 된다.

③처럼 지표면으로 되돌아오는 소리의 경로는 전반사가 일어난 정점을 기준으로 좌우 대칭이다. 따라서 만약 지표면 아래에도 상하 대칭으로 역전층이 존재한다고 생각하면, 소리는 지표면을 중심으로 상하운동을 반복하면서 수평 방향으로 나아갈 수 있을 것이다. 이 현상은 광섬유에도 이용되고 있다.

습도가 높을 때 기분이 나빠지는 이유

습도와 수증기와 불쾌지수

날씨가 후덥지근하면 매우 불쾌한데, 이 불쾌함은 습도와 관련이 깊다. 습도의 정의는 다음과 같다.

(습도) = (공기 중에 포함된 수증기량) ÷ (공기 중에 포함될 수 있는 최대한의 수증기량) × 100 [%]

상온에서도 물은 주위에서 열(기화열: 물 1당 2,260J)을 빼앗아 수증기가 될 수 있다. 또한 공기가 건조할수록 물은 빠르게 증발한다.

햇볕에 빨래를 널었을 때 빨리 마르는 이유는 빨래 속에 있는 물이 햇빛에서 에너지를 받아 수증기가 되기 때문이다. 그럼 습도와 불쾌함 사이에는 대체 무슨 관계가 있는 걸까?

사람은 체온이 오르면 피부의 땀샘에서 땀을 분비한다. 이 땀이 증발할 때 주위에서 기화열을 빼앗으므로 몸이 차가워져서 체온을 일정하게 유지할 수 있다. 그런데 습도가 높으면 땀이 쉽게 증발하지 못해 체온도 잘 내려가지 않는다. 바로 이럴 때 사람은 후덥지근하고 불쾌하다고 느낀다. 당연한 말이지만 기온이 같아도 습도가 높으면 더 불쾌한 느낌이 들고, 습도가 같다면 온도가 높을 때 더 불쾌함을 느낀다. 이러한 불쾌함을 수치화한 것이 바로 1950년대에 미국에서 제안된 불쾌지수다. 불쾌지수를 계산하는 식에는 몇 가지 종류가 있는데, 그중 하나가 바로 다음 식이다.

(불쾌지수) = $0.81 \times \theta + 0.01 \times h \times (0.99 \times \theta - 14.3) + 46.3$

여기서 θ가 온도(℃), h가 습도다.

불쾌지수는 사실상 70~90일 때 의미가 있다. 75 이상이면 약간 덥고,

1 공기 1L에 포함될 수 있는 물의 질량과 온도의 관계

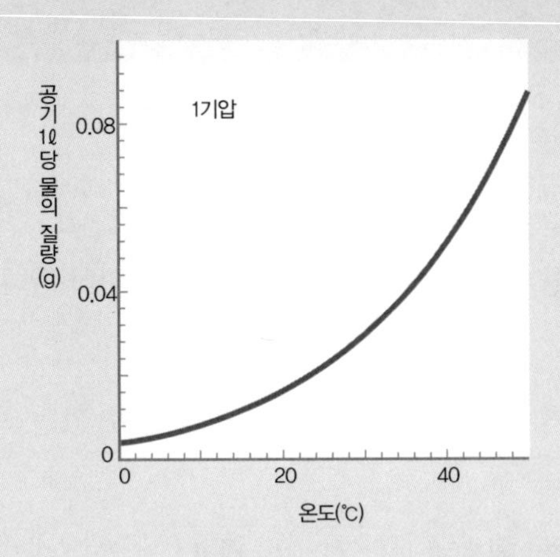

2 불쾌지수

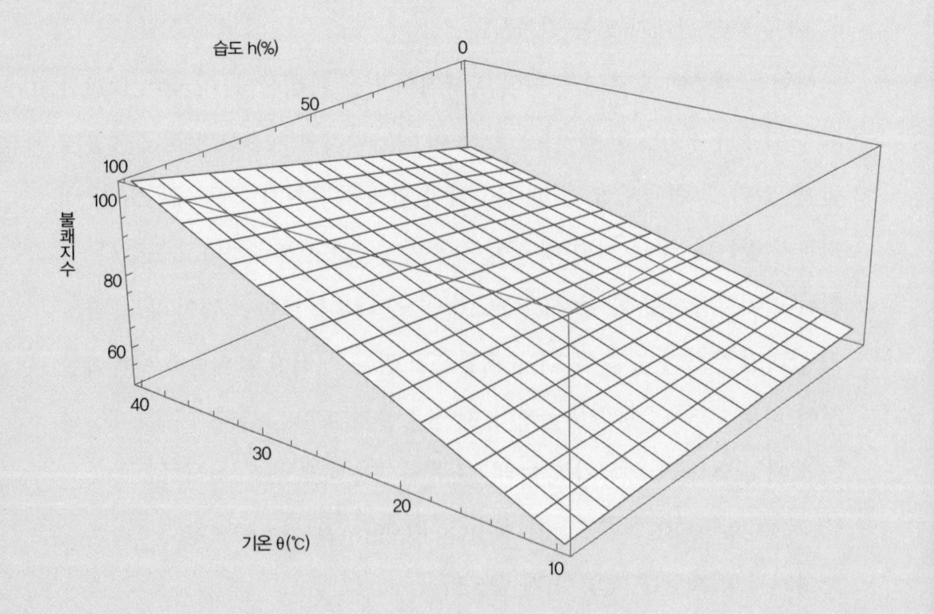

③ 건습구 습도계

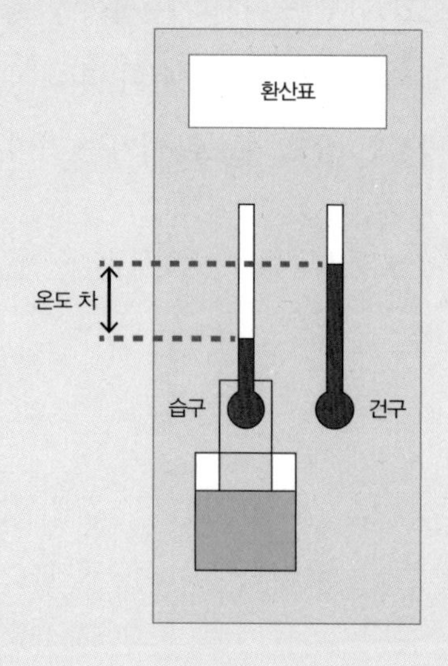

기온 (℃)	온도 차					
	0℃	2℃	4℃	6℃	8℃	10℃
10	100%	74%	50%	27%	5%	–
20	100%	81%	64%	48%	32%	18%
30	100%	85%	72%	59%	47%	36%
40	100%	88%	76%	66%	56%	47%

건습구 습도계용 습도표의 일례

습도를 측정하는 기구인 건습구 습도계에는 알코올 온도계가 두 개 달려 있다. 건구 온도계는 기온을 재기 위한 보통 온도계지만, 습구 온도계는 물에 젖은 헝겊으로 싸여 있어서 물의 기화열 때문에 건구보다 낮은 온도를 나타낸다. 두 온도계의 온도 차를 환산표에 대입함으로써 습도를 알아낼 수 있다.

표를 그래프로 만든 것

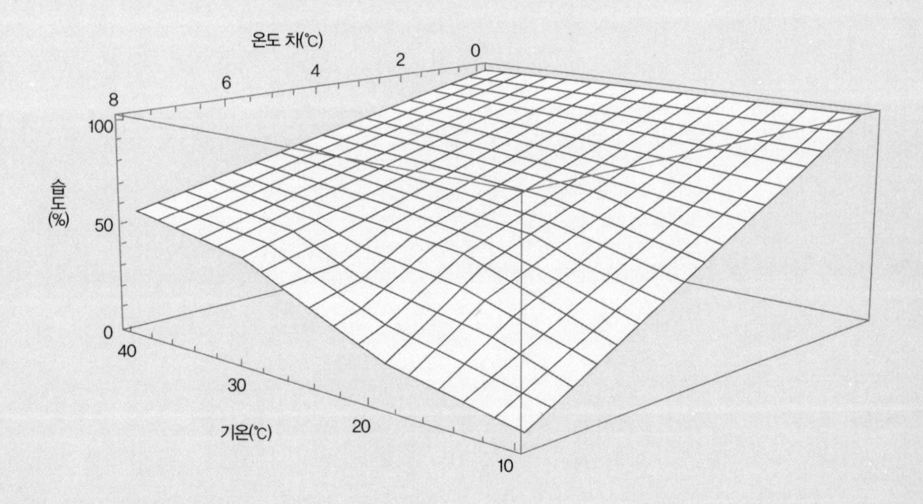

80 이상이면 덥고 땀이 나며, 85 이상이면 무척 후덥지근하다고 한다.

다만 풍속이 1m/s 오를 때마다 체감온도가 1℃ 떨어진다는 말이 있듯이, 바람이 불면 수분이 증발하기 쉬워 불쾌함이 다소 완화된다. 따라서 불쾌지수는 절대적인 지표가 아니며, 대략적인 참고 자료로 여기는 편이 좋다.

밤에 만난 고양이의 눈이 반짝이는 이유

고양이 눈과 재귀반사

밤에 고양이를 향해 손전등이나 자동차 불빛을 비추면 눈이 반짝 빛나 보일 때가 있다. 사람 눈은 그렇지 않은데 왜 그런 걸까? 이 의문의 답을 구하려면 먼저 동물의 눈이 빛을 받아들이는 방식부터 이해해야 한다.

물체에서 나온 빛은 우리 눈의 각막에서 심하게 굴절된다. 그리고 수정체에서 다시 굴절되는 정도가 미세 조정된 다음, 눈알의 가장 안쪽에 있는 망막에 이른다.

물체를 볼 때 눈알의 방향을 맞추고 섬모체근으로 수정체의 두께를 조절하는 이유는 망막 중에서도 빛을 감지하는 세포가 많이 모여 있는 영역인 황반으로 유도하기 위해서다. 황반에 도달한 빛의 정보는 시신경을 통해 뇌로 전달된다.

수정체 바깥쪽에는 눈에 들어오는 빛의 양을 조절하기 위한 얇은 막인 홍채가 존재하는데, 이는 카메라의 조리개에 해당하는 부분이다. 홍채 가운데에는 구멍이 뚫려 있는데, 빛의 양이 많을 때는 망막이 상하지 않도록 구멍의 크기를 줄인다. 반대로 빛의 양이 적을 때는 조금이라도 빛을 많이 받아들이기 위해 구멍의 크기를 늘린다. 이 구멍이 바로 동공이다. 고양이 같은 야행성 동물은 빛에 의한 동공의 변화가 현저하다.

고양이의 동공은 낮에는 세로로 길쭉한 모양이지만, 밤이 되면 매우 커진다. 밤에는 햇빛이 없으므로 동공을 크게 벌려서 조금이라도 많은 빛을 눈으로 들여보내야 하기 때문이다.

사람이나 고양이나 눈의 대략적인 구조는 같다. 다만 결정적으로 다른

1 사람의 눈 구조

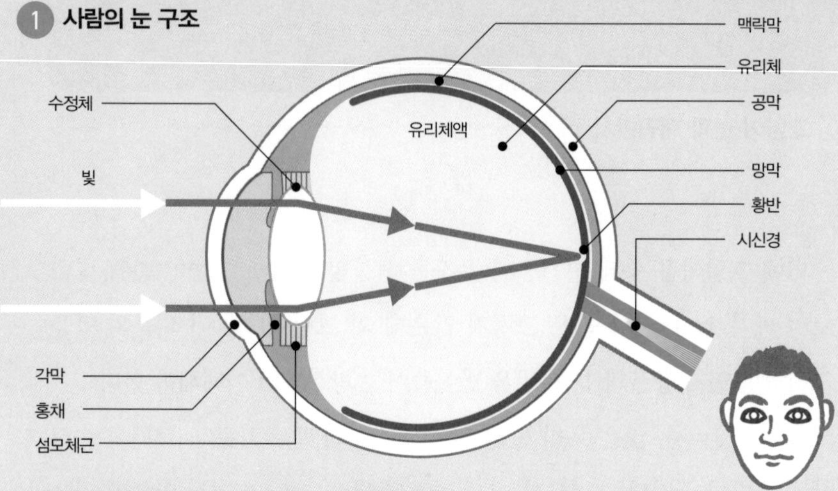

각막과 수정체가 카메라의 렌즈에 해당하는 기능을 담당한다.
각막에서 굴절된 빛은 수정체에서 방향이 미세 조정되어 물체의 실상을 황반 부근에 투영한다.
수정체의 두께를 바꿈으로써 빛이 굴절되는 정도를 조절할 수 있다.

2 고양이의 눈 구조

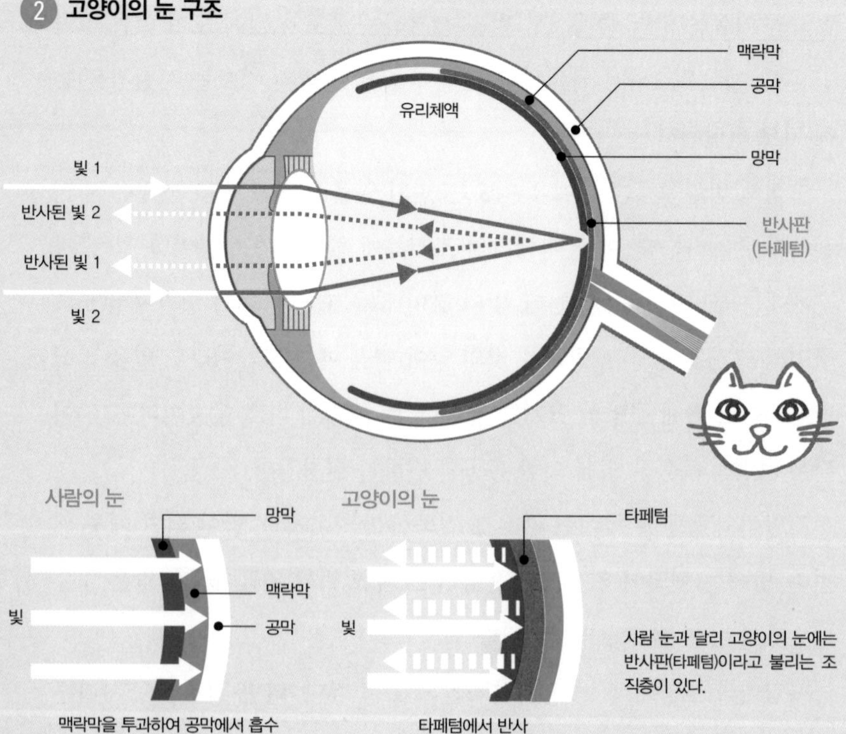

사람 눈과 달리 고양이의 눈에는 반사판(타페텀)이라고 불리는 조직층이 있다.

부분이 있는데, 고양이의 눈에는 망막 바깥쪽에 반사판(타페텀)이라는 조직층이 있다는 점이다.

반사판은 망막을 지나온 빛을 반사함으로써 망막이 빛을 감지할 두 번째 기회를 준다. 이렇게 빛을 재활용하기에 고양이는 어둠 속에서도 사냥감의 모습을 선명하게 볼 수 있다.

그래도 망막이 잡아내지 못한 빛은 수정체를 지나서 원래 지나온 경로를 거꾸로 돌아간다. 그래서 고양이의 눈이 반짝 빛나 보이는 것이다.

이러한 현상을 재귀 반사라고 한다. 재귀 반사는 도로 표지판이나 경고용 반사판 등 안전에 관련된 분야에서 자주 쓰인다. 고양이의 눈처럼 투명한 구체와 반사재를 조합한 것이나 삼각형 모자이크 모양의 큐브 코너가 대표적인 사례다.

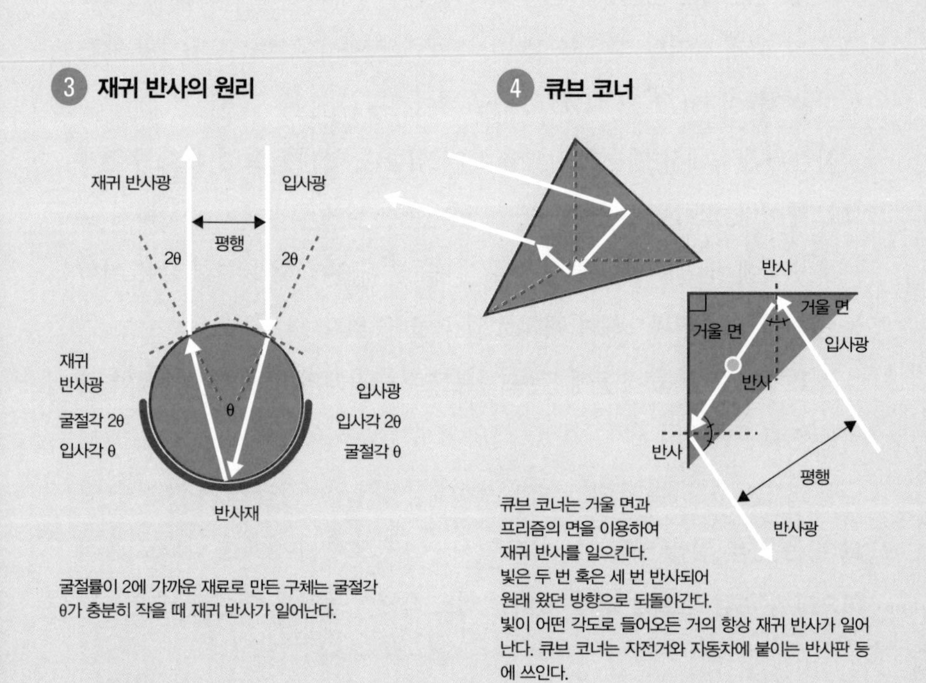

굴절률이 2에 가까운 재료로 만든 구체는 굴절각 θ가 충분히 작을 때 재귀 반사가 일어난다.

큐브 코너는 거울 면과 프리즘의 면을 이용하여 재귀 반사를 일으킨다. 빛은 두 번 혹은 세 번 반사되어 원래 왔던 방향으로 되돌아간다. 빛이 어떤 각도로 들어오든 거의 항상 재귀 반사가 일어난다. 큐브 코너는 자전거와 자동차에 붙이는 반사판 등에 쓰인다.

물고기 눈에는 어떤 비밀이 있을까?

입사각과 상대굴절률 —— 스넬의 법칙

사람 눈 속에 있는 수정체는 렌즈 모양인데, 물고기 눈 속에 있는 수정체는 구형이다. 왜 이렇게 모양이 다른 것일까?

생물의 눈은 각막과 수정체를 통해 빛을 굴절시켜서 망막으로 유도한다. 굴절의 법칙(스넬의 법칙)에 따르면, 서로 다른 물질의 경계면에서 빛이 굴절되는 정도는 입사각과 상대굴절률(두 물질의 절대굴절률의 비)에 따라 결정된다.

빛이 공기(절대굴절률 n=1.0)에서 각막(절대굴절률은 사람이든 물고기든 n=1.4)으로 입사할 때는 상대굴절률이 1.4/1.0 = 1.4이므로 각막의 절대굴절률과 거의 같다. 하지만 빛이 물(절대굴절률 n=1.33)에서 각막으로 입사할 때는 상대굴절률이 1.4/1.33=1.05로 매우 작아진다.

사람은 물속에서 맨눈으로 앞을 보기 힘들다. 물체를 보려 해도 뿌옇게 보일 뿐이다. 빛이 물을 통해 눈으로 들어오는 탓에 굴절률이 충분하지 않아서 망막에 제대로 상이 맺히지 않기 때문이다. 따라서 물안경 등을 써서 눈 주위에 공기를 확보해야 제대로 앞을 볼 수 있다.

물고기는 항상 눈이 물에 닿아 있으므로 수정체의 모양으로 부족한 굴절률을 보완한다.

물고기는 수정체의 크기(곡률 반지름)가 작아서 입사각을 크게 만들 수 있고 많은 양의 빛을 망막으로 유도할 수 있다. 또한 수정체를 앞뒤로 움직임으로써 초점 조절을 할 수 있다는 점도 육지의 동물과 다른 점이다.

1 굴절의 법칙

경계면에 수직인 선(법선)

물질 1
절대굴절률 n_1

입사각 θ

경계선

물질 2
절대굴절률 n_2

굴절각 φ

굴절의 법칙(스넬의 법칙)

$$\frac{\sin\theta}{\sin\varphi} = \frac{n_2}{n_1} = n_{1\rightarrow 2}$$

$$= (\text{상대굴절})$$

굴절각은 입사각과 상대굴절률에 따라 결정된다.

2 사람의 눈이 공기나 물에 닿아 있을 때

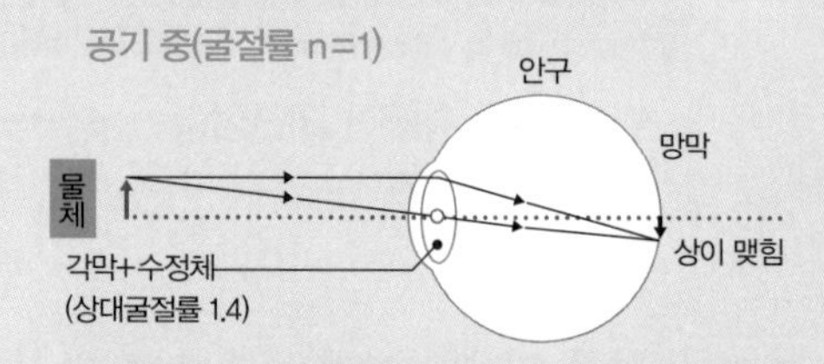

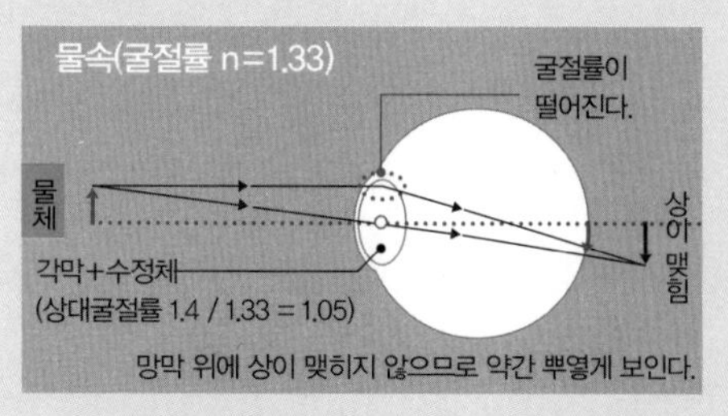

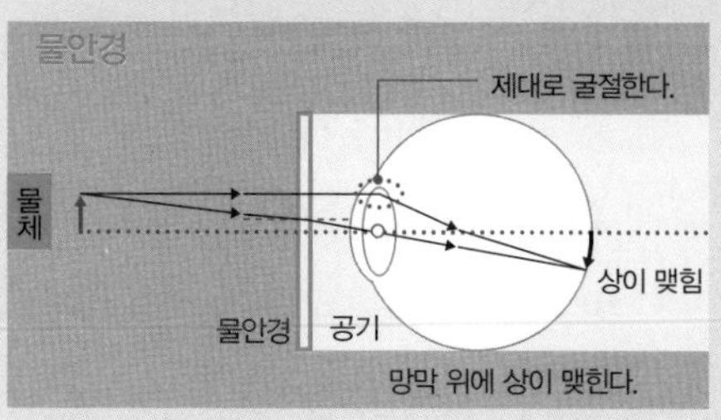

눈이 물에 닿아 있으면 공기 중과는 달리 빛이 충분히 굴절하지 못한다. 물안경을 쓰면 많이 나아지기는 하지만, 물체가 왜곡되어 보일 수 있다.

3 물고기의 눈

홍채

각막

앞

뒤

수정체

빛을 심하게 굴절시키기 위해 수정체가 구형인 점이 특징이다. 수정체를 앞뒤로 움직임으로써 초점을 맞출 수 있다.

4 물고기의 눈

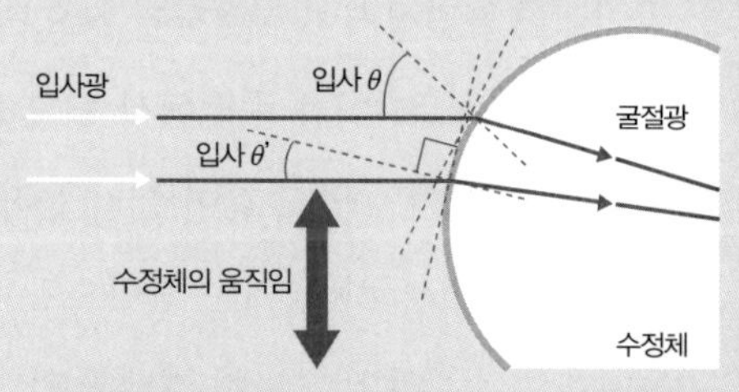

수정체의 곡률반지름(구의 반지름)이 작으면, 수정체를 약간 움직이는 것만으로도 빛이 굴절되는 정도를 많이 변화시킬 수 있다.

소금쟁이는 어떻게 물 위에 떠 있을까?

다리 끝의 기름과 표면장력

보통 벌레는 물에 빠지면 빠져나오지 못한다. 그런데 소금쟁이는 수면 위를 미끄러지듯 다닌다. 이는 물의 표면장력과 관련이 있다.

소금쟁이의 다리 끝에는 가느다란 털이 많이 나 있고, 그 털에는 소금쟁이의 몸에서 나오는 기름이 묻어 있다. 기름은 물을 튕겨내므로 소금쟁이의 다리에 물이 묻지 않도록 해준다.

물 위에서 움직이는 소금쟁이의 다리 끝을 잘 살펴보면 수면이 조금 움푹 파여 있다는 사실을 알 수 있다. 움푹 파인 수면은 평평한 수면보다 면적이 넓으므로 수면에서는 다시 평평한 상태로 되돌아가려는 방향으로 표면장력이 작용한다. 이 표면장력을 전부 다 합하면, 즉 표면장력의 합력을 구하면 위쪽 방향 성분만이 남는다. 소금쟁이의 다리가 물을 누르는 힘, 다시 말해 소금쟁이의 체중을 물의 표면장력이 떠받들고 있기에 소금쟁이는 물 위에 떠 있을 수 있는 것이다. 그럼 만약 세제 등의 계면활성제 때문에 다리 끝에 있는 기름이 씻겨 내려가면 어떻게 될까?

기름이 없어지면 소금쟁이의 다리가 물에 젖어서 수면과 붙어 버린다. 이러면 표면장력이 작용하지 않으므로 물속에 가라앉을 수밖에 없다.

이때 소금쟁이가 수면에서 탈출하기 위해 날아오를 때 다리에 달라붙은 물과 함께 수면도 같이 끌려 올라온다. 이때는 수면의 표면장력이 다리를 물속으로 끌어당기는 방향으로 작용하기 때문이다. 이 힘을 이겨내지 못하면 소금쟁이도 다른 벌레와 마찬가지로 물에 빠지고 만다.

1 고체 표면에 물이 묻는 방식

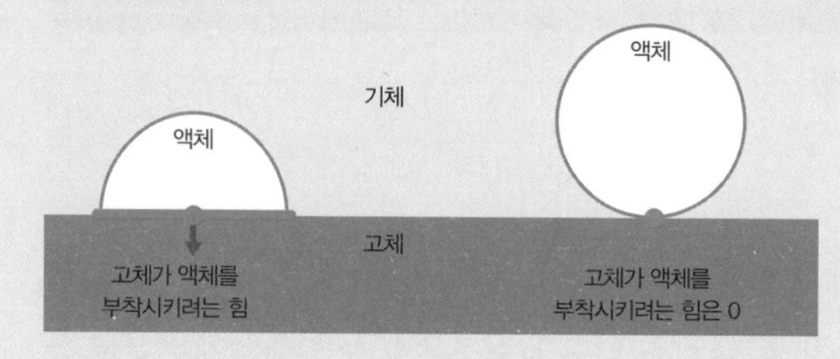

a처럼 젖은 상태에서는 액체와 고체의 계면이 넓으므로 부착력이 커진다.
b처럼 매우 건조한 상태(기름이 묻어 있는 소금쟁이의 다리와 같은 상태) 에서는 계면이 거의 없으므로 고체 표면에 물이 부착되지 않는다.

2 기름으로 발수 코팅된 소금쟁이의 다리와 수면

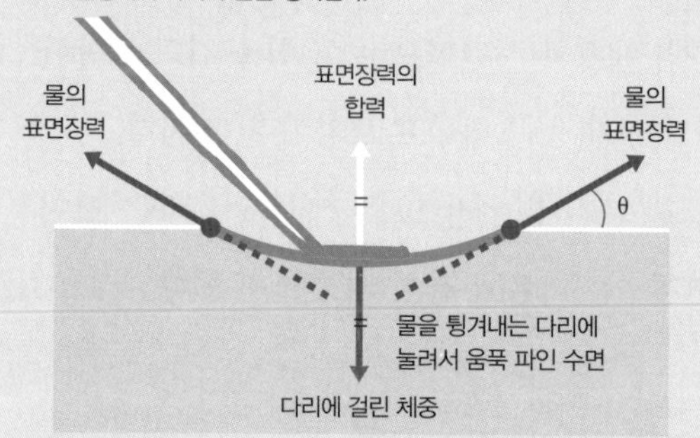

움푹 파인 수면의 표면장력과 소금쟁이 다리에 걸린 체중이 평형을 이룬다.

3 기름으로 발수 코팅되지 않은 소금쟁이의 다리와 수면

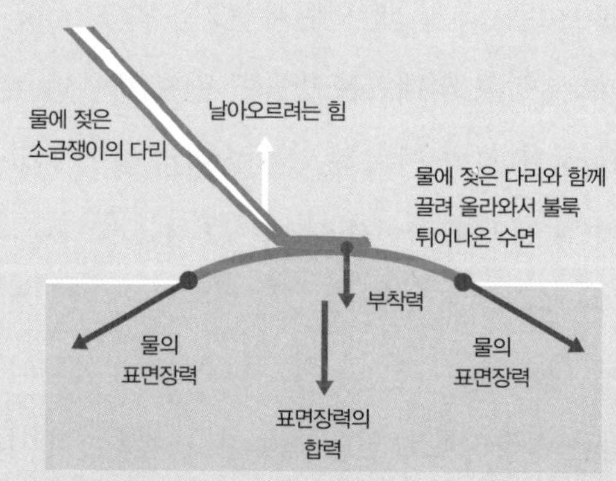

다리에 기름이 안 묻어 있으면 다리와 물 사이에 강한 부착력이 작용한다. 따라서 수면에서 벗어나려면 물의 표면장력을 이겨내야 한다.

한해살이 식물의 줄기는 왜 파이프 모양일까?

형태에 따른 강인함

식물의 줄기는 대개 원기둥 모양이다. 몇십 년이나 몇백 년을 사는 나무의 줄기는 속이 꽉 차 있지만, 일 년밖에 살지 못하는 한해살이 식물의 줄기는 바깥쪽 껍질 부분만 단단하다. 즉, 둥근 파이프 모양인 셈인데 왜 그럴까?

바람이 불면 식물의 줄기에는 옆으로 미는 힘이 작용한다. 한해살이 식물은 수명이 짧다 보니 최소한의 재료와 시간만으로 이 힘을 견뎌낼 만한 구조를 만들어야 한다. 그래서 줄기가 둥근 파이프 모양이 된 것이다.

옆으로 미는 힘에 대한 강도를 나타내는 지표로 단면계수(Z)라는 것이 있다. 둥근 파이프 모양의 단면계수는 다음과 같이 계산할 수 있다.

단면계수 $Z = \pi(R^4 - r^4) / 32R$

(R: 파이프의 바깥쪽 반지름, r: 파이프의 안쪽 반지름)

똑같은 분량의 재료를 써서 길이가 동일한 파이프와 막대기를 각각 만들었을 때, 이 단면계수를 비교해 보면 어떻게 될까? 파이프의 바깥쪽 반지름 R이 5mm고 안쪽 반지름 r이 4mm일 때, 단면계수 Z는 약 7.2mm^3이다. 반면, 똑같은 분량의 재료로 둥근 막대기를 만들면 반지름이 3mm가 되므로 단면계수는 약 2.6mm^3이다. 즉, 재료의 양과 줄기의 길이가 같다면 막대기보다는 파이프 모양일 때 단면계수가 2.8배나 된다는 뜻이다.

우리 주변에서 파이프 모양의 제품을 흔히 볼 수 있는 이유도 약간의 재료만 가지고 옆으로 미는 힘에 대해 높은 강도를 유지할 수 있기 때문이다. 예를 들어 길가에 있는 철근 콘크리트로 만든 전봇대도 내부는 비어

1 안쪽 반지름이 r, 바깥쪽 반지름이 R인 파이프

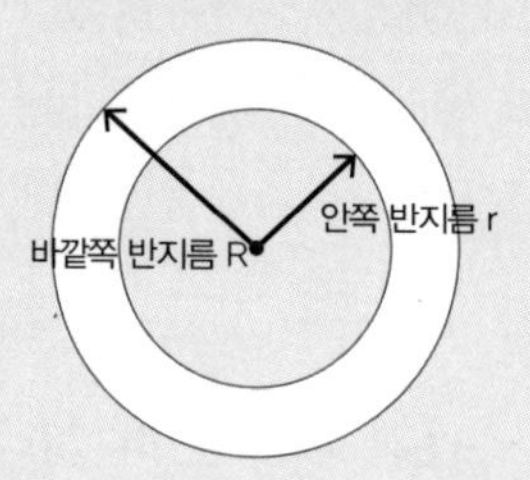

2 똑같은 분량의 재료로 만든 파이프와 막대기

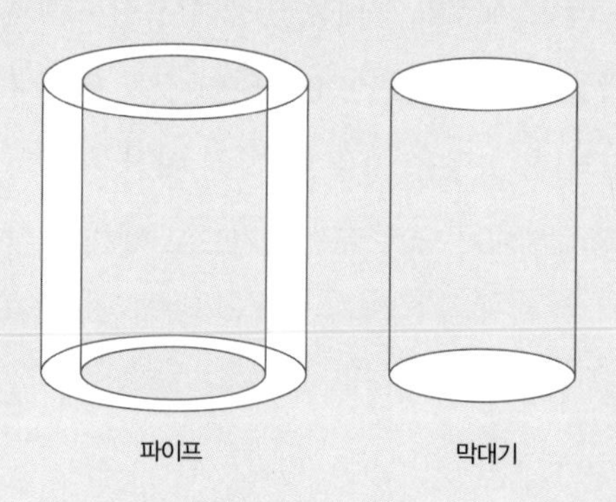

3 허니컴 구조

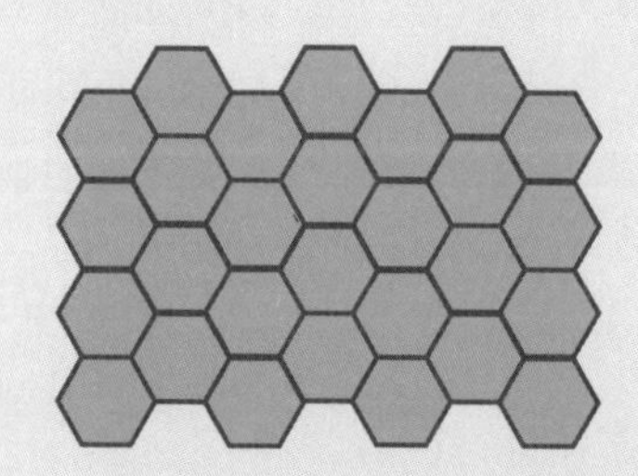

있다.

하지만 위에서 누르는 힘이 작용하는 상황이라면 당연히 막대 모양의 강도가 더 높다. 결국 식물 줄기의 형태는 그 식물의 진화 과정과 특성에 따라 다르다고 할 수 있다.

생물이 만들어내는 특이한 형태의 대표적인 사례로 벌집 내부에서 볼 수 있는 육각형이 조합된 허니콤 구조를 들 수 있다. 허니콤은 똑같은 분량의 재료로 넓은 공간을 채우는 데 유리한 구조다. 또한 허니콤 위아래에 판을 배치한 샌드위치 구조는 높은 강도를 자랑해서 경량화가 필수인 항공기 등에서 빼놓을 수 없는 구조다.

건축물을 지을 때도 재료의 형태를 이용해서 강도를 올리기 위해 많은 고민을 한다. 건축용 철골의 단면이 H모양인 것도 옆으로 미는 힘에 대한 강도를 고려한 결과다. 빌딩을 지을 때 철골 대신 각재를 써서 똑같은 강도를 내려면 빌딩의 무게가 너무 무거워지므로 제대로 된 건물을 지을 수 없을 것이다.

무지개의 비밀 ①
일반적인 무지개가 생기는 이유

햇빛의 분산과 굴절률

보통 저녁 하늘에 나타나는 무지개는 태양을 등지고 섰을 때 수평에서 약 40° 정도 각도에 바깥쪽부터 빨, 주, 노, 초, 파, 남, 보 순의 색이 나타난다. 이렇게 빛이 여러 색으로 나뉘어 보이는 이유는 흰색 빛(다양한 색깔의 빛이 섞여 있는 빛)이 분산되어 보이기 때문이다.

분산이란 프리즘으로 들어간 빛이 다양한 색깔의 빛으로 나누어져서 나오는 현상이다. 이는 빛의 색깔, 다시 말해 빛의 파장에 따라서 프리즘에 대한 굴절률이 다르기 때문에 생기는 현상이다(①의 표).

무지개를 만들어내는 흰 빛은 바로 햇빛이다. 무지개 주변에는 작고 둥근 물방울이 수없이 많은데, 바로 이 물방울이 프리즘과 같은 기능을 한다. 프리즘과 마찬가지로 물은 파장이 짧은 빛에 대한 굴절률이 크다(①). 그래서 빨간 빛보다 파란 빛이 더 많이 굴절된다.

②는 저녁에 수평으로 날아온 햇빛이 물방울에 들어갔다가 나오는 가장 단순한 경로를 그린 것이다. 빛은 굴절의 법칙에 따라 진로가 꺾이는데, 물방울에 들어갔다 나온 빛은 햇빛과 약 42° 정도 되는 각도에 집중되어 있음을 알 수 있다. 지상에 있는 관측자는 이 강하고 밝은 빛을 보고 있는 것이다.

반사광의 각도는 색깔에 따른 차이가 없지만, 굴절되는 각도는 색깔에 따라 차이가 몹시 크다. 그래서 두 번의 굴절을 거치면 빨간 빛은 위에서 언급한 약 42° 각도로, 파란 빛은 그보다 조금 더 낮은 각도로 관측자를 향해 날아온다.

1 파장에 대한 물의 굴절률, 빛과 파장의 관계

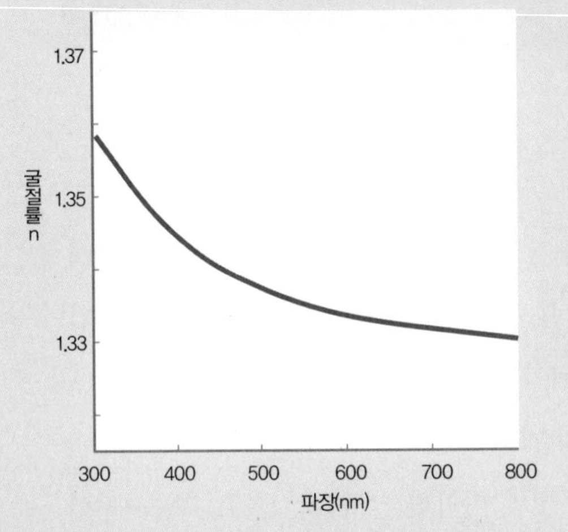

색	진공에서의 파장(nm)	
–	770~약 2000	근적외선
빨강	640~770	가시광선
주황	590~640	
노랑	550~590	
초록	490~550	
파랑	450~490	
남색	420~450	
보라	380~420	
–	약 200~380	자외선

2 구형 물방울 속으로 들어간 빨간 빛(파장 800nm)이 나아가는 경로

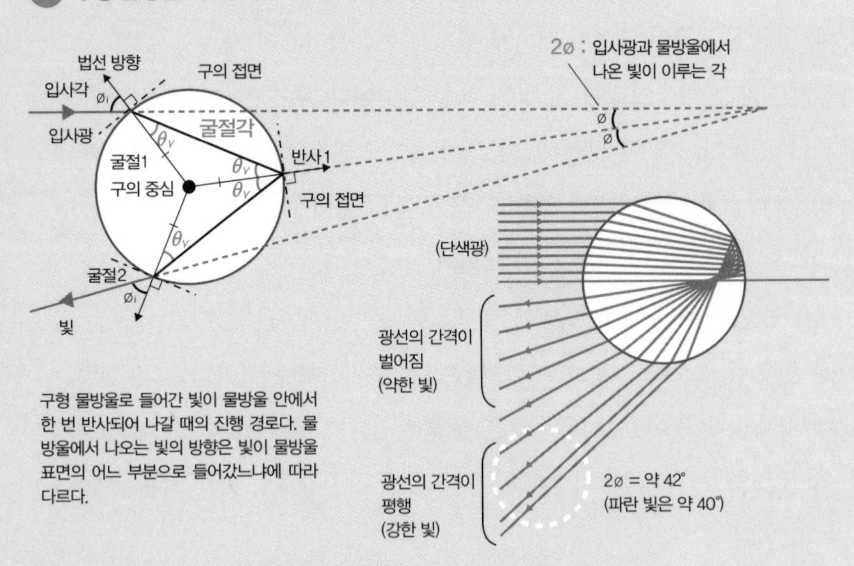

구형 물방울로 들어간 빛이 물방울 안에서 한 번 반사되어 나갈 때의 진행 경로다. 물방울에서 나오는 빛의 방향은 빛이 물방울 표면의 어느 부분으로 들어갔느냐에 따라 다르다.

3 저녁 무지개가 떴을 때 태양, 물방울, 관측자의 위치 관계

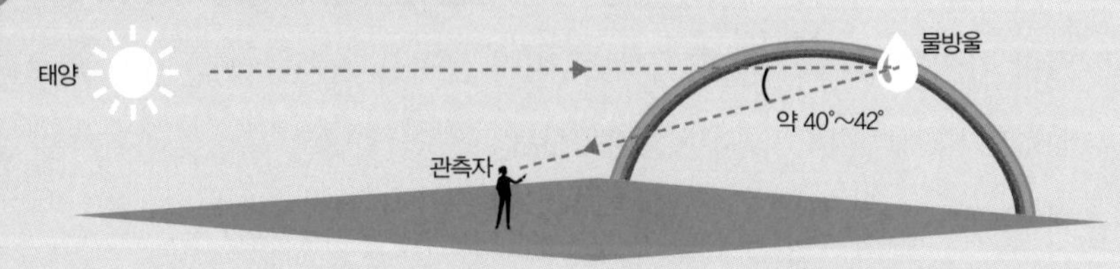

이러한 빛은 태양, 물방울, 관측자의 각도로 결정되는 원뿔면을 따라 관측자를 향해 날아온다. 그래서 저녁에 보이는 무지개의 모양은 반원이다. 만약 낮에 무지개가 생기면 태양의 고도가 높다 보니 40° 보다 낮은 곳에 나타난다.

무지개의 비밀 ②
암무지개와 환수평호

햇빛의 분산과 굴절률

하늘에는 무지개 외에도 다양한 색깔이 나타나는 현상이 존재한다. 그 중 대부분은 무지개와 마찬가지로 햇빛이 분산되어 생기는 현상으로 암무지개와 환수평호(수평선 위의 엷게 낀 구름에 보이는 무지갯빛 띠)가 있다.

암무지개란 보통 무지개의 바깥쪽에 나타나는 무지개로 이차무지개라고도 한다. 암무지개는 무지개보다 색이 엷고 색깔 순서도 무지개와는 반대인데, 이는 그림 ①처럼 물방울 속에서 두 번 반사된 빛이기 때문이다. 이렇게 두 번 반사된 빛은 햇빛과 약 52°의 각도를 이루는 방향에서 보인다. 이 각도는 일반적인 무지개의 각도인 42°보다 크기 때문에 암무지개는 무지개의 바깥쪽에 보이는 것이다. 색이 더 엷은 이유는 물방울 속에서 빛이 반사될 때마다 빛의 일부가 굴절하면서 물방울 밖으로 나가버리기 때문이다. 일반적인 무지개가 생겼을 때는 암무지개가 반드시 존재하지만 주변이 어둡지 않으면 잘 보이지 않는다.

환수평호는 태양보다 조금 아래쪽 위치에 비교적 쭉 곧은 모양으로 나타난다. 환수평호는 판 모양의 눈 결정이 수평으로 늘어서 있는 곳에서 햇빛이 두 번 굴절되어 생기는 현상이다(그림 ②). 이때 관측자는 태양의 아래쪽 약 46° 부근에서 환수평호를 볼 수 있다(그림 ③). 단, 환수평호를 보려면 한 가지 조건이 더 있다. 바로 태양의 고도가 58° 이상이어야 한다는 점이다. 즉, 낮에만 보인다는 뜻이므로 기껏 조건이 갖춰져도 강한 햇빛에 가려서 보이지 않을 때가 많다. 그래서 환수평호는 몹시 보기 드문 현상이다.

① 저녁 때의 태양과 무지개와 암무지개의 관계

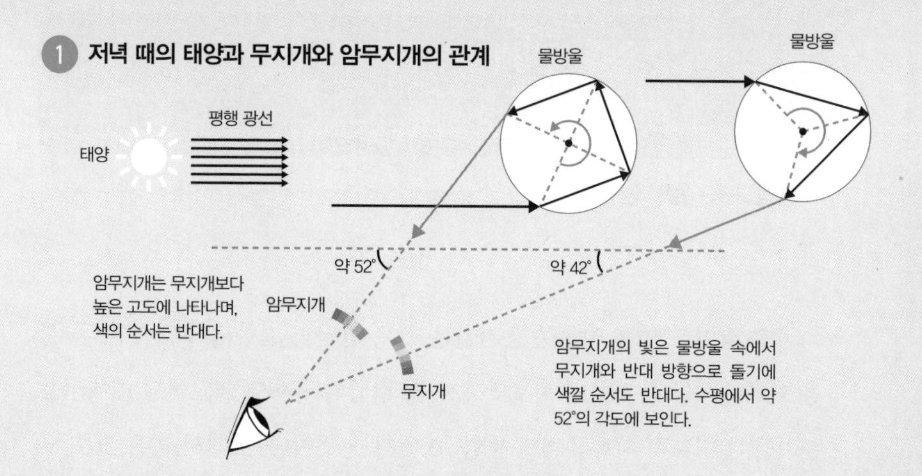

② 눈 결정의 측면에서 입사한 햇빛이 결정의 측면으로 나가는 모양

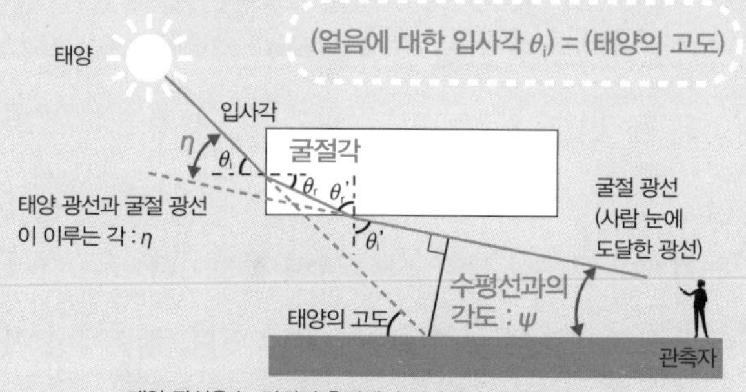

태양 광선은 눈 결정의 측면에서 입사하여 아랫면으로 나간다.
굴절되는 방식은 직각 프리즘과 똑같다.

눈 속에서 눈 결정(육각형)이
'수평으로 누운 채' 분포해
있다고 생각한다.

눈 결정을
위에서 본 그림
(상면도)

눈 결정을
옆에서 본 그림
(측면도)

③ 태양과 환수평호와 관측자의 위치 관계

색깔은 보통 무지개와 마찬가지로 위에서 아래로
빨, 주, 노, 초, 파, 남, 보 순으로 나타난다.
거의 수평으로 퍼져 있지만, 잘 보면 좌우 끝이 약
간 올라가 있는 모양이다.

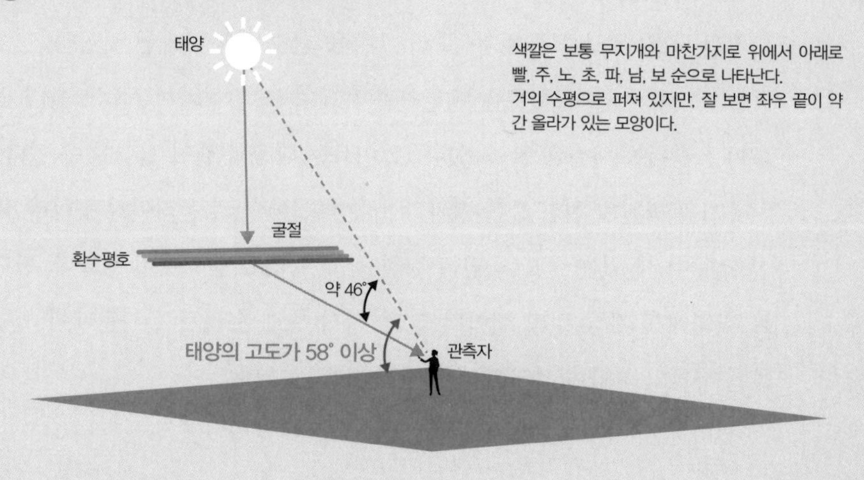

강의 한가운데는 왜 물이 빠르게 흐를까?

점성 —— 물이 끈끈한 정도

금속 같이 고체를 이루는 분자들은 서로 단단히 결합되어 있지만, 물 같은 액체에서는 분자들이 서로 느슨하게 결합되어 있다. 즉, 액체 내에서는 분자들이 비교적 자유롭게 운동할 수 있다는 뜻이다. 그래서 물은 그릇 모양에 따라 모양을 자유자재로 바꿀 수 있다.

물론 분자들이 완전히 자유로운 것은 아니다. 물 분자들은 약한 힘(분자 간 힘)으로 서로 끌어당기고 있으므로 그림 ①처럼 어떤 계기로 몇몇 분자가 특정 방향으로 강하게 움직이기 시작하면 주변에 있는 분자도 함께 따라간다.

이것이 바로 액체와 기체의 끈끈한 성질, 다시 말해 점성이다.

끈끈한 정도를 나타내는 계수로 점성계수라는 것이 있다. 물엿처럼 아주 끈끈한 액체는 점성계수가 높고, 물처럼 비교적 덜 끈끈한 액체는 점성계수가 낮다. 또한, 뜻밖에도 점성계수는 온도에 따라 변화한다. 일반적으로 온도가 높을수록 액체의 점성계수는 낮아진다(덜 끈끈해진다).

그림 ③은 유리관 속에 든 물의 흐름을 단순하게 나타낸 것이다. 잉크 등을 이용하여 물의 흐름을 관찰하면 유리관 벽면에 가까울수록 물의 흐름이 느리다는 사실을 알 수 있다. 그 이유는 다음과 같이 설명할 수 있다.

유리관 벽면에 접한 물은 벽과의 마찰 때문에 거의 움직이지 못한다. 또한 그 근처에 있는 물도 벽면에 접한 물에 끌려서 움직이기 힘들다. 반대로 벽면에서 가장 멀리 떨어져 있는, 다시 말해 유리관 한가운데에 있는 물은 마찰의 영향이 적어서 가장 빨리 흐를 수 있다.

1 분자가 움직이는 방향

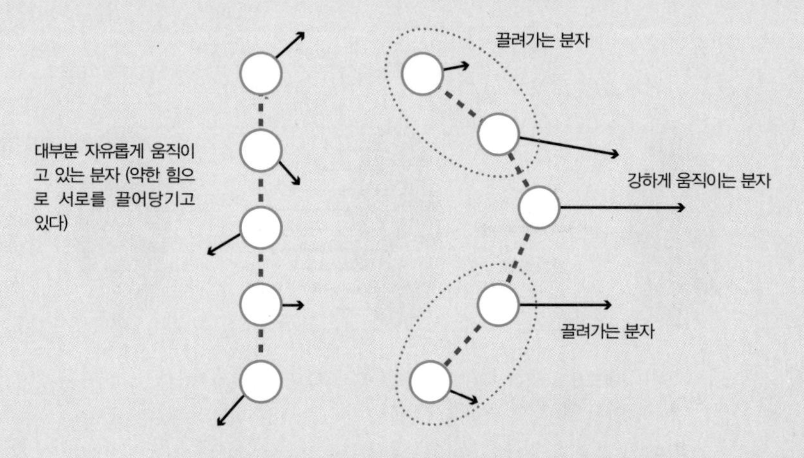

분자 하나가 특정 방향으로 강하게 움직이면 다른 분자도 약한 힘에 끌려 함께 움직인다.

2 물의 점성계수

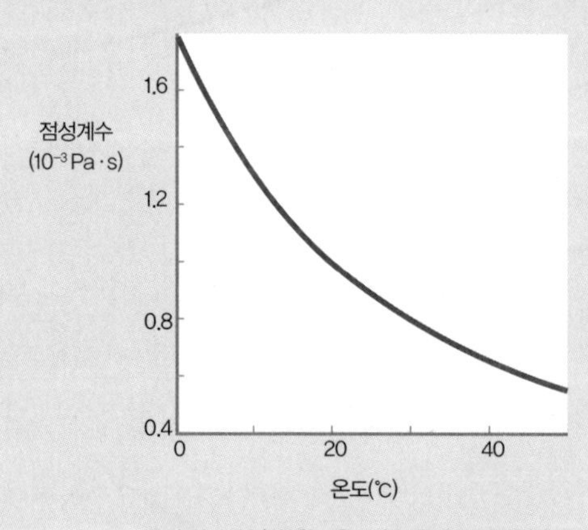

물의 점성계수(점성)는 온도가 높을수록 낮아진다.

3 유리관 속 물의 흐름

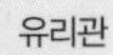

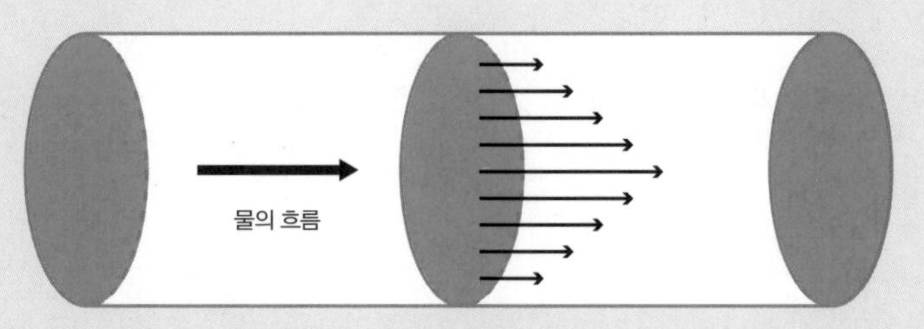

유리관 내부에 물을 흘리면 벽면에 가까울수록 흐름이 느리다는 사실을 알 수 있다.
화살표의 길이는 해당 부분에서 물이 흐르는 속도다.

4

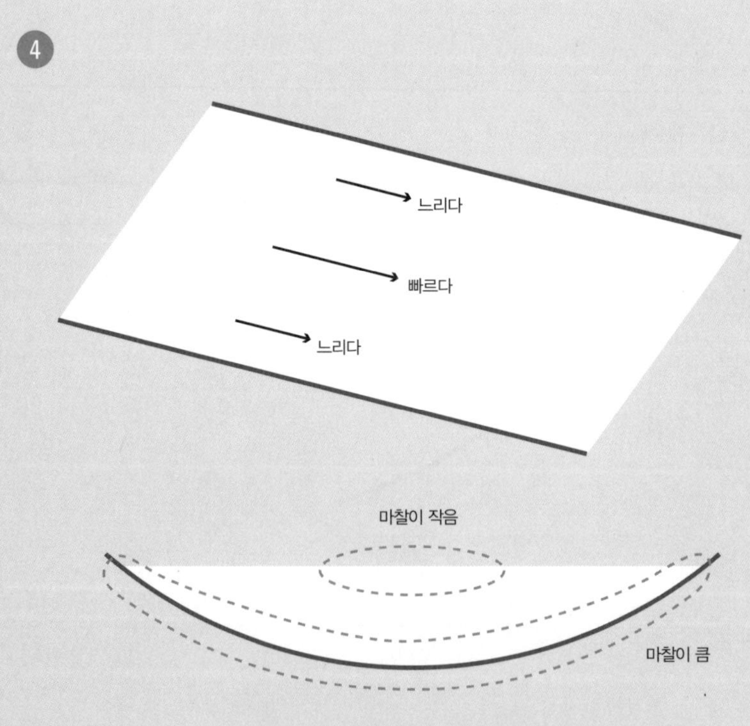

강변과 강바닥에 가까울수록 마찰의 영향이 커진다.

이는 강물에도 적용할 수 있다.

그림 ④처럼 강의 한가운데로 갈수록 강바닥이 깊고, 가장자리로 갈수록 강바닥이 얕다. 따라서 가장자리를 흐르는 물은 강변과 강바닥과의 마찰 때문에 흐름이 느릴 수밖에 없다. 한편으로 강 한가운데의 수면 부근은 그러한 마찰의 영향을 거의 받지 않으므로 가장 빠르게 움직일 수 있다.

제3장

스포츠와 물리

스키점프 선수가 착지할 때 다치지 않는 이유

경사면의 효과 —— 착지할 때의 충격 완화

스키점프는 경사각이 약 35°인 비탈길을 활강하여 내려오다가 시속 약 80~90km로 도약대에서 날아올라 착지할 때까지의 비행 거리와 비행 방식을 겨루는 경기다. 그런데 스키점프의 도약대와 착지점은 높이 차이가 약 40~60m에 달하지만, 선수가 착지할 때 크게 다치는 일은 거의 없다. 왜 그럴까?

착지 사면(landing bahn)의 모양에 비밀이 있다. 착지 사면은 완만한 S자형 경사면인데, 착지점 부근의 경사각은 약 40°다.

선수가 착지할 때 경사면에서 받는 충격의 크기는 선수의 운동량(선수의 질량×속도) 중 경사면에 수직인 성분의 크기로 결정된다. 만약 착지점이 경사면이라면 선수는 경사면에 대해 낮은 각도로 착지할 수 있다. 따라서 경사면에 수직인 속도 성분이 작아지므로 착지할 때 선수가 받는 충격도 작다. 스키나 스노보드를 타고 급한 경사면을 미끄러져 내려오다가 넘어졌을 때 그리 큰 충격을 받지 않는 것도 같은 이치다.

그럼 착지할 때 선수가 받는 충격을 간단히 계산해 보자.

선수가 수평 방향으로 시속 80km로 뛰어올랐을 때 공기의 영향을 무시하면 착지할 때의 속도는 시속 약 140km가 된다. 이때 착지점의 경사각이 40°라면 선수는 1.5~3m 높이에서 뛰어내린 정도의 충격을 받을 것이다. 실제 경기에서 선수가 착지할 때의 속도를 측정해 보면 시속 약 100km인데, 현실에서는 공기 저항과 양력의 영향을 받기 때문이다. 따라서 실제로 선수가 받는 충격의 크기도 위에서 계산한 것보다 더 작을 것이다.

① 스키점프 경기장과 선수

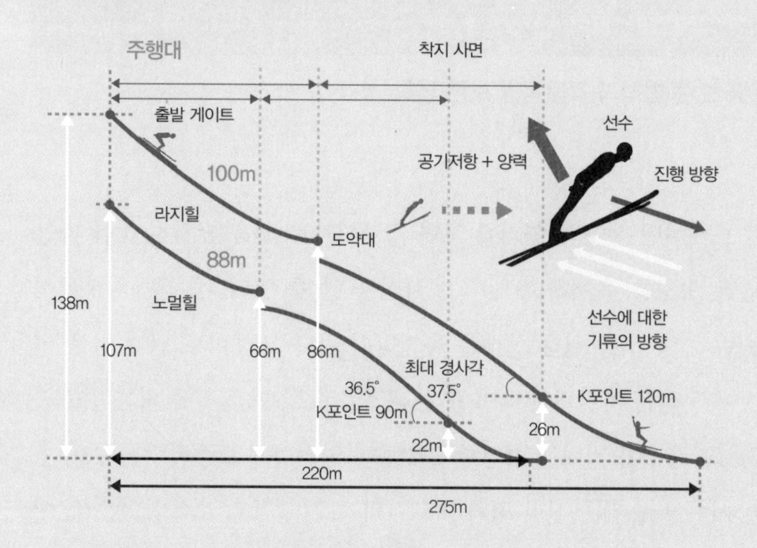

일본 하쿠바 점프 경기장의 데이터를 바탕으로 작성

② 착지점이 경사면이면 선수가 받는 충격이 작다

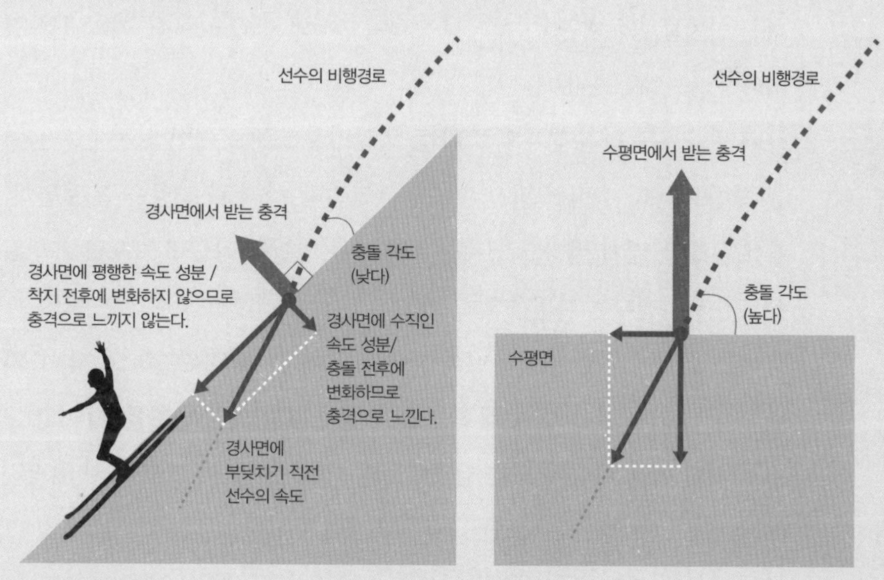

같은 속도라도 경사면에서는 충격이 더 작다.

피겨 스케이팅에서 점점 회전 속도가 빨라지는 이유

운동량 보존 법칙과 각운동량 보존 법칙

피겨 스케이팅 선수의 연기를 보면 스케이트로 얼음을 차지 않을 때는 거의 같은 속도를 유지하고 있다는 사실을 알 수 있다. 물체는 외부에서 영향을 받지 않는 한 원래 상태를 유지하려 한다. 스케이트 날과 얼음 사이에는 아주 작은 마찰력만 작용한다. 피겨 선수도 이 성질을 따른다고 볼 수 있다. 즉, 선수가 지니는 다양한 물리량이 일정하게 보존된다는 뜻이다.

보존되는 양 중에는 질량 m과 속도 v의 곱인 운동량 mv가 있는데, 이를 운동량 보존 법칙이라고 한다. 스케이트로 얼음을 차지 않는 한 선수의 속도가 일정하게 유지되는 이유는 바로 운동량이 보존되기 때문이다.

또한 운동량과 마찬가지로 각운동량도 보존된다. 각운동량이란 질량 m, 회전 반지름 r의 제곱 r^2, 회전 속도(각속도) ω의 곱인 $mr^2\omega$를 가리키는 말이다.

피겨 중에는 회전 점프와 스핀 등 빙글빙글 도는 동작이 있는데, 처음에는 천천히 돌다가 점점 회전 속도가 빨라진다. 이때 팔 모양을 잘 보면 처음에는 팔을 넓게 벌리고 있지만, 나중에는 양팔을 가슴에 모으면서 회전 속도가 빨라진다는 사실을 알 수 있다.

이는 회전에 관한 각운동량이 보존되기 때문이다(각운동량 보존 법칙). 가령 그림 ①처럼 팔을 벌린 채 회전을 시작할 때의 회전 반지름이 r이고 그림 ②처럼 팔을 가슴에 모은 상태에서의 회전 반지름이 그림 ①의 절반인 r/2라면, 그림 ②의 각속도는 그림 ①의 4배가 된다.

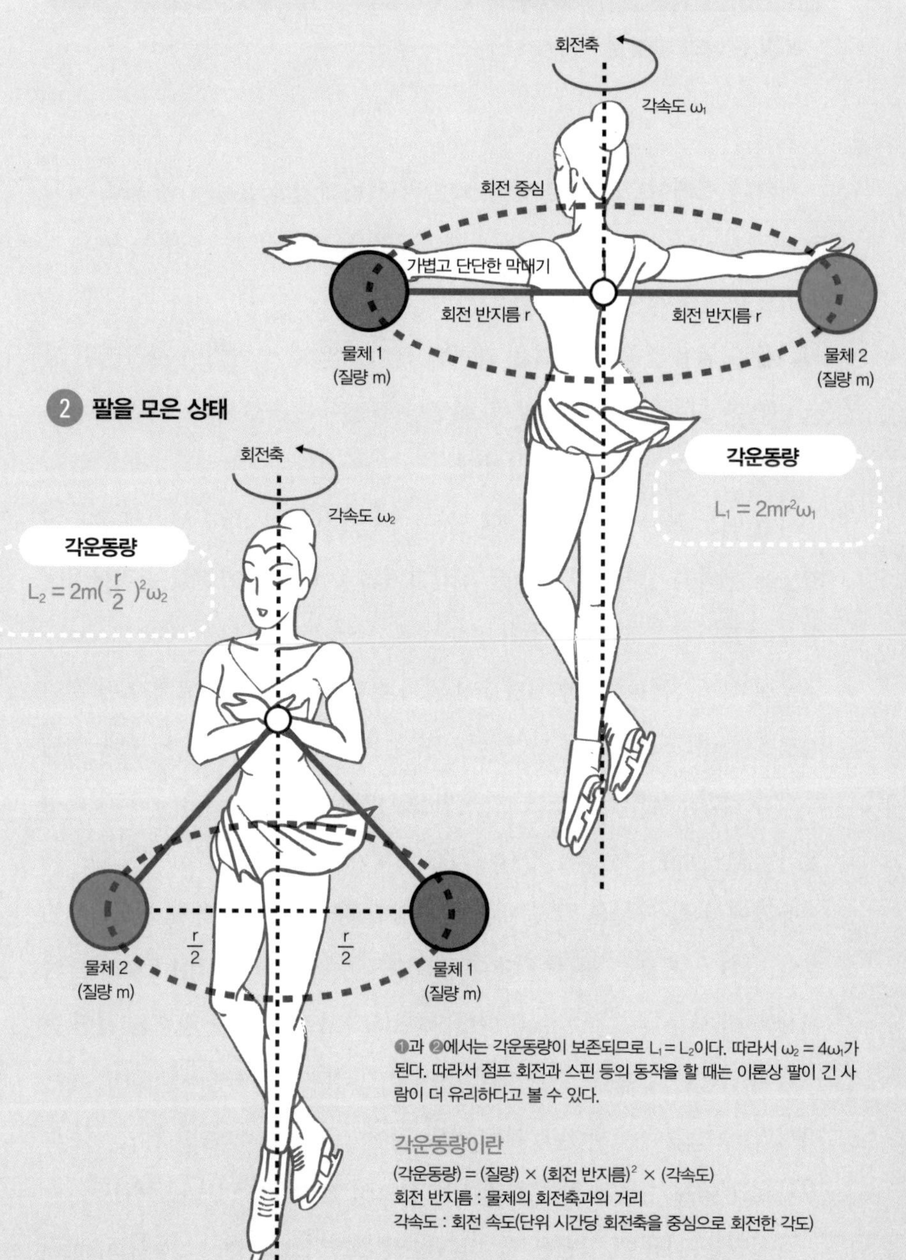

❶과 ❷에서는 각운동량이 보존되므로 $L_1 = L_2$이다. 따라서 $\omega_2 = 4\omega_1$가 된다. 따라서 점프 회전과 스핀 등의 동작을 할 때는 이론상 팔이 긴 사람이 더 유리하다고 볼 수 있다.

각운동량이란

(각운동량) = (질량) × (회전 반지름)^2 × (각속도)
회전 반지름 : 물체의 회전축과의 거리
각속도 : 회전 속도(단위 시간당 회전축을 중심으로 회전한 각도)

눈과 얼음 위에서 스키와 스케이트가 잘 미끄러지는 이유

복빙 현상과 마찰열

스키나 스케이트를 타면 영하 30℃의 기온에서도 눈과 얼음 위를 미끄러지듯 이동할 수 있다. 스키와 스케이트가 잘 미끄러지는 이유는 두 가지 방식으로 설명할 수 있다.

하나는 얼음에 높은 압력을 가하면 물이 되었다가 압력이 사라지면 다시 얼음이 되는 현상(복빙 현상)을 이용한 설명이다. 또 하나는 마찰열 때문에 얼음 표면이 녹는다는 설명이다.

사실 어느 쪽이든지 얼음 위에 물로 이루어진 얇은 막이 생겨서 윤활제 기능을 한다고 설명한다는 점은 똑같다. 즉, 물 덕분에 마찰력이 작아져서 쉽게 미끄러질 수 있는 것이다.

우선 복빙 현상에 관한 설명부터 알아보자. 물이 얼어서 고체가 된 것이 바로 얼음이다. 대기압이 1기압이라면 물은 0℃에서 얼음이 되는데, 이때 부피가 약 9% 늘어난다. 그럼 튼튼한 용기 속에 물을 넣는 등 부피가 늘어날 수 없는 상황에서 물을 냉각시키면 어떻게 될까?

용기에서 받은 높은 압력 때문에 팽창할 수 없으므로 설령 온도가 0℃보다 낮아져도 물은 얼음이 되지 못한다. 즉, 압력이 높은 상황에서는 물이 얼음이 되는 온도(어는점)가 떨어진다. 따라서 얼음에 큰 압력을 걸면 온도에 따라서는 얼음이 물이 되어버린다. 그러다가 압력을 제거하면 물은 다시 얼음으로 되돌아간다. 이를 복빙 현상이라고 한다. 복빙 현상이란 스키와 스케이트가 눈과 얼음에 압력을 걸어서 물을 만들어내는 것이다.

마찰열을 이용한 설명은 좀 더 단순명쾌하다. 스키와 스케이트, 눈과

1 얼음 표면의 상태

스키, 스노보드, 스케이트 등이 눈과 얼음 위에서 잘 미끄러지는 이유는 물로 이루어진 얇은 막이 윤활제와 같은 기능을 하기 때문이다.

2 물의 상평형 그림

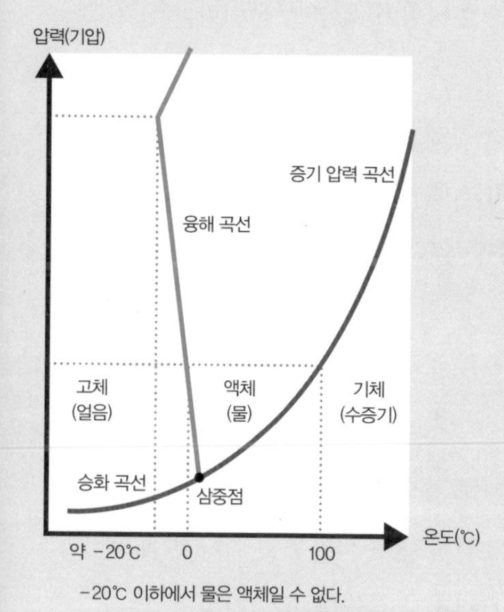

−20℃ 이하에서 물은 액체일 수 없다.

3 복빙 현상에 의한 물의 막과 마찰열에 의한 물의 막

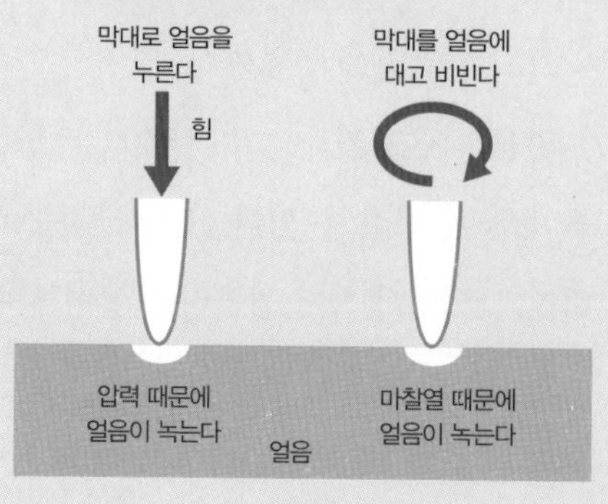

4 얼음 표면에 생긴 액체층의 두께

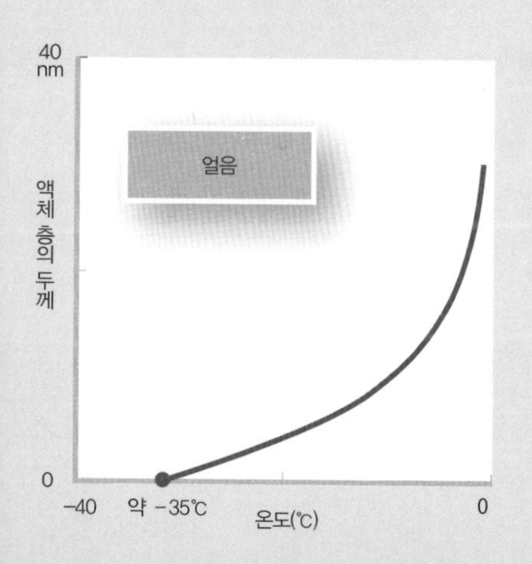

19세기에 패러데이는 얼음 위에 물로 이루어진 막이 존재한다고 주장했다.
실제로 고체인 얼음의 표면에는 거의 액체에 가까운 얇은 층이 존재한다는 사실이 다양한 실험을 통해 확인된다. 얼음 위에서 물체가 미끄러지기 쉬운 이유는 이 층 때문으로 보인다.

얼음의 마찰 때문에 열(마찰열)이 생겨서 눈과 얼음이 녹아 물이 되는 것이다. 이 두 가지 가능성을 비교해 보자.

물은 압력이 아무리 높아도 −20℃ 이하에서는 액체로 존재할 수 없다. 따라서 −20℃보다 낮은 온도에서는 복빙 현상으로 물이 생긴다고 설명할 수 없다. 또한 나무로 만든 스키와 금속으로 만든 스키는 눈에 압력을 가한다는 점에서는 똑같은데, 실제로는 금속보다는 나무로 만든 스키가 더 잘 미끄러진다. 이는 복빙 현상으로는 설명할 수 없는 부분이다.

그럼 마찰열은 어떨까?

얼음의 온도가 −20℃~-30℃라도 조건에 따라서는 마찰열로 얼음이 녹아 물이 생길 수 있다. 또한 금속 스키는 열이 스키 전체에 빠르게 퍼져 버리므로 눈이 녹기 힘들다고 설명할 수도 있다.

정리하면 얼음의 온도가 비교적 낮을 때는 마찰열로 설명할 수 있고, 얼음의 온도가 비교적 높을 때는(실내 스케이트장 등) 마찰열과 복빙 현상으로 설명할 수 있다.

참고로 남극처럼 온도가 −40℃ 이하로 떨어지는 지역에서는 눈 표면이 마치 모래 같을 때가 있다고 한다. 그렇게 매우 차가운 눈이나 얼음 위에서는 스키나 스케이트를 타도 잘 미끄러지지 않는다. 온도가 너무 낮다 보니 마찰을 줄여 주는 물의 막이 생기지 않기 때문이다.

단거리 육상에서 크라우칭 스타트를 하는 이유

운동의 제3법칙 —— 작용 반작용의 법칙

육상 경기는 종목에 따라 출발하는 방법이 정해져 있다. 마라톤 등의 중·장거리 경주는 선 자세로 출발하는 스탠딩 스타트를 하며, 400m 이하의 단거리 경주는 손을 땅바닥에 댄 자세로 출발하는 크라우칭 스타트를 한다(그림 ①). 지금부터 각 출발 방법으로 낼 수 있는 추진력을 알아보자.

스탠딩 스타트를 할 때는 보통 다리를 앞뒤로 벌리고 잘 쓰는 발을 뒤에 놓는다. 경기가 시작되면 뒷발로 땅을 참으로써 땅바닥과 평행한 방향으로 추진력을 낸다. 그런데 출발할 때의 모습을 잘 보면 발바닥으로 땅을 비스듬한 방향으로 차고 있는 것을 알 수 있다. 이 힘 중 땅바닥에 평행한 성분 F_t의 반작용이 추진력이 된다. 땅바닥을 차는 힘 F와 땅바닥이 이루는 각도를 θ라고 하자. 그러면 추진력은 $F_t=F\cos\theta$이므로 θ가 작을수록 F_t가 커진다. 또한 F_t의 크기는 땅바닥과 발바닥 사이의 마찰력과 같아야 한다.

마찰력의 종류로는 정지 마찰력과 운동 마찰력이 있는데, 이중 가장 큰 것은 물체가 미끄러지기 직전에 작용하는 최대 정지 마찰력 $F'max$다(그림 ②). $F'max$를 수직 하중 W와 정지 마찰 계수 μ_s의 식으로 나타내면 $F'max=\mu_s W$가 된다.

발로 땅을 찰 때 그래프 ③처럼 최대 추진력을 낼 수 있는 각 θs를 구할 수 있다. 이 각도는 F의 크기와 상관없이 μ_s의 크기로만 정해진다. 육상 경기장에서는 보통 μ_s=1.1~1.4이므로 θs는 약 40도가 된다.

극단적인 자세를 취하지 않는 한 일어선 상태에서 땅을 차면 θ가 40도

① 스탠딩 스타트와 크라우칭 스타트

발바닥으로 땅을 비스듬히 찬 힘 가운데 땅바닥에 수평인 성분의 반작용이 추진력이 된다.

스탠딩 스타트

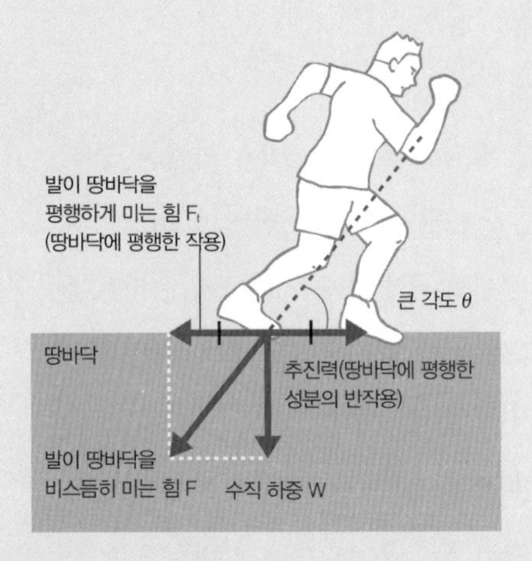

크라우칭 스타트

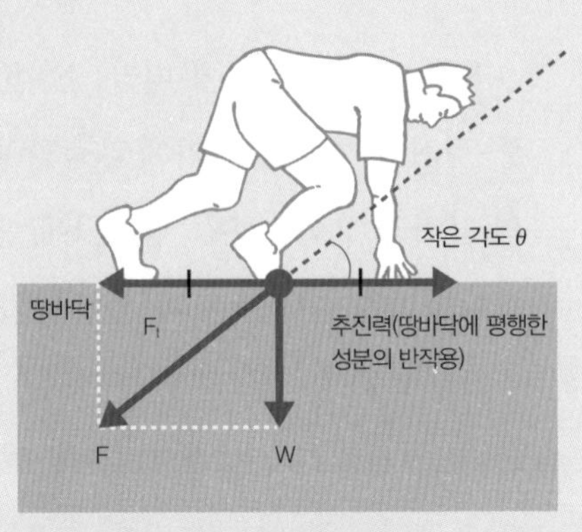

강한 추진력을 낼 수 있지만 미끄러지기 쉽다.

② 물체와 수평면 사이에서 작용하는 마찰력

(a) 물체가 정지해 있을 때

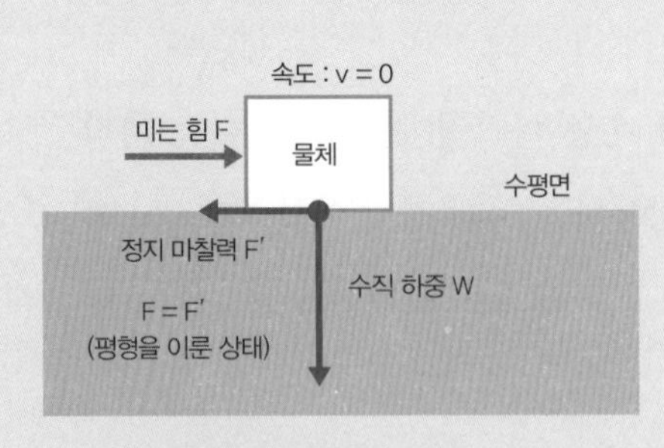

F′에는 상한이 있다 : F′⇒ F′ = μ_sW
μ_s : 정지 마찰 계수
F가 F′⇒ F′를 넘으면 물체는 움직이기 시작한다.

(b) 물체가 움직일(미끄러질) 때

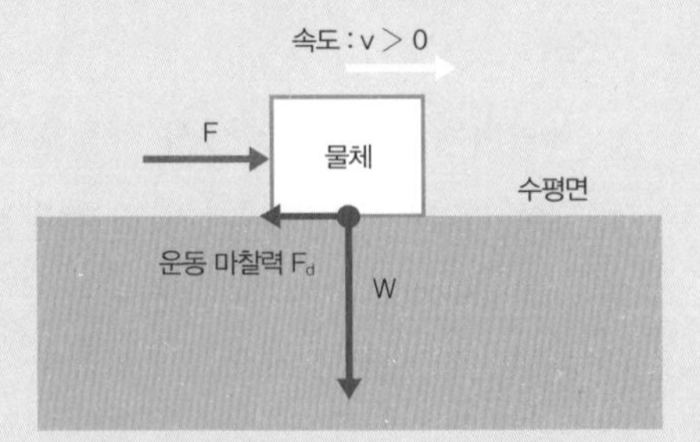

$F'_{max} = \mu_s W > F_d$

힘 F를 F_d 이하로 만들지 않는 한
물체의 운동은 멈추지 않는다.

물체가 정지해 있을 때는 정지 마찰력이 작용하고, 움직일 때는 운동 마찰력이 작용한다.
정지한 물체에 작용하는 힘 F의 크기를 서서히 늘려나가면, F가 최대 정지 마찰력 F′⇒ F′를 넘어선 순간 물체가 수평면 위에서 미끄러지기 시작한다.

③ 땅바닥과 발(신발 바닥) 사이의 정지 마찰 계수와 미끄러지기 시작하는 각도의 관계

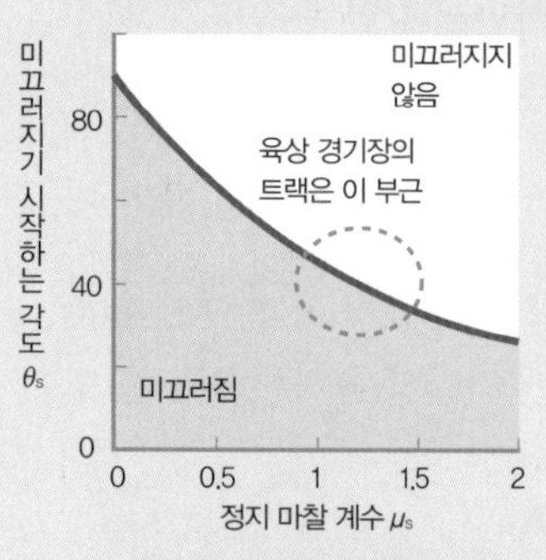

땅바닥을 차는 힘과 땅바닥의 각도에 따라 미끄러질지 말지가 결정된다.

④ 스탠딩 블록

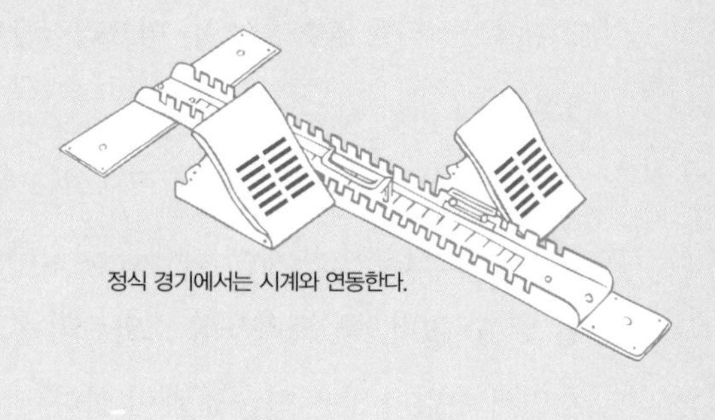

정식 경기에서는 시계와 연동한다.

⑤ 크라우칭 스타트와 스탠딩 블록

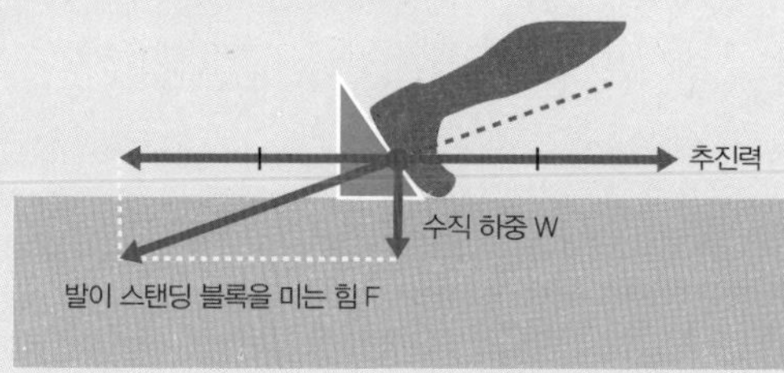

마찰에 의존할 필요 없이 발바닥 전체로 블록에 힘을 줄 수 있으므로 미끄러질 일 없이 강한 추진력을 낼 수 있다.

보다 커진다. 따라서 스탠딩 스타트는 강한 추진력을 내지는 못하지만, 비교적 실패할 일이 없는 견실한 출발 방법이라고 할 수 있다.

다음으로 크라우칭 스타트를 살펴보자. 단거리 경주는 0.01초 단위로 기록을 겨루는 경기이므로 출발 방법도 대단히 중요하다. 크라우칭 스타트는 보통 잘 쓰는 발을 앞에 두는데, 각 θ가 작아서 추진력이 매우 크다는 특징이 있다. 또한 땅을 차는 시간이 길다 보니 다리를 벌릴 때의 힘을 온전히 활용할 수 있다.

다만 문제가 하나 있는데, 출발할 때 발이 미끄러지기 쉽다는 점이다. 그래서 경기에서는 땅바닥에 고정된 스타팅 블록이라는 기구를 사용한다(그림 ④). 스타팅 블록을 쓰면 미끄러짐을 방지하면서 강한 추진력을 낼 수 있다.

크라우칭 스타트를 하는 경기에서는 출발할 때의 자세와 달릴 때의 자세가 매우 다르다. 따라서 자세를 능숙하게 바꾸지 못하면 절대 좋은 기록을 낼 수 없다. 즉, 크라우칭 스타트의 효과를 누리려면 올바른 지도를 받으면서 수없이 많은 연습을 해야 한다.

잠수병은 어떤 식으로 예방할까?

기체의 용해 —— 헨리의 법칙

스쿠버 다이빙은 공기통을 짊어진 채 오랜 시간 잠수하는 스포츠다. 물속에서 산책을 즐기기도 하고, 해저를 탐사할 수도 있다. 그런데 스쿠버 다이빙에는 잠수병이라는 위험이 따른다.

기체는 액체의 압력과 온도가 높을수록 액체 속에 많이 녹아들 수 있다(헨리의 법칙). 기체가 액체 속에 녹아드는 일을 기체가 액체에 용해된다고 표현한다.

예를 들어 탄산수는 압력을 높인 물에 이산화탄소를 녹인 것이다. 탄산수의 뚜껑을 열면 용기 내부의 압력이 단숨에 대기압과 똑같은 수준까지 떨어진다. 그래서 더는 물속에 녹아 있을 수 없게 된 이산화탄소가 거품이 되어 뿜어져 나온다.

일반적으로 수심이 10m 깊어질 때마다 압력은 1기압씩 높아진다. 따라서 깊은 곳으로 잠수할수록 몸에 걸리는 압력이 커져서 지상에 있을 때보다 더 많은 양의 공기가 혈액과 림프액 속에 녹아든다. 혈액 속 질소량이 늘어나면 사고력과 판단력이 둔해지고 동작이 느려진다. 이를 질소 중독이라고 하는데 잠수병의 일종이다.

그밖에도 감압병이라는 잠수병도 있다. 오랜 시간 동안 깊은 곳에 잠수해 있던 사람이 갑자기 수면 위로 올라오면, 마치 탄산수의 뚜껑을 열었을 때처럼, 핏속에 녹아 있던 공기가 거품으로 변해서 혈관을 막아버리는 증상이다. 그래서 스쿠버 다이빙을 할 때는 반드시 잠수한 깊이와 시간을 고려해 천천히 수면 위로 올라와야 한다.

1 헨리의 법칙

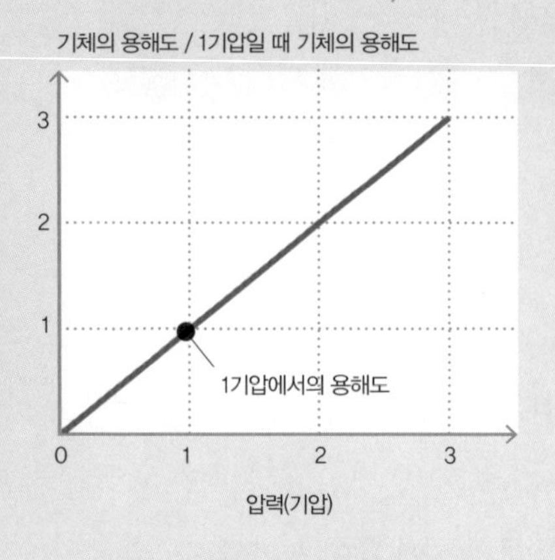

기체의 용해도는 압력에 비례해서 커진다.

2 1기압일 때 물에 대한 각 기체의 용해도

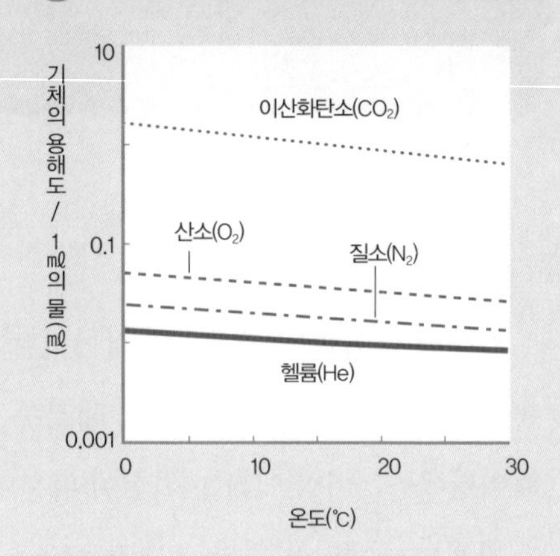

스쿠버 다이빙을 한 사람의 목소리가 높게 들릴 때가 있는데, 이는 질소 중독을 방지하기 위해 공기통 안에 헬륨 가스가 들어 있기 때문이다.

수심이 얕은 곳에서 스쿠버 다이빙을 해도 물에서 나온 직후에 바로 비행기를 타거나 높은 산에 오르면 위험할 수 있다. 여객기 내부의 기압은 보통 0.8기압이니 결과적으로 수심이 깊은 곳에 있다가 나온 것과 똑같은 효과를 낼 수 있기 때문이다.

만약 감압병에 걸렸으면 되도록 빨리 전문 의료기관에 있는 고압 산소 치료실에 들어가야 한다. 몸에 다시 압력을 가한 다음, 서서히 압력을 낮춰서 여분의 공기를 몸속에서 천천히 빼내야 하기 때문이다.

서핑을 즐길 때 파도를 잘 타는 요령

파도와 파동의 관계

해변이나 호숫가에서는 파도가 거의 일정한 간격으로 밀려온다. 바람 등의 영향을 받아 그렇다. 해변에서 조금 떨어진 곳에서 커다란 파도의 움직임을 관찰하면 수면에 있는 물은 그 자리에서 원을 그리듯이 상하 전후로 왕복 운동을 하고 있을 뿐이라는 사실을 알 수 있다. 즉, 물은 제자리에서만 움직일 뿐 파도와 함께 앞으로 이동하지는 않는다. 이러한 운동은 수평면보다 높은 곳으로 끌려 올라온 물이 중력 때문에 원래 상태로 되돌아가기 때문에 생긴다. 이처럼 중력 때문에 생기는 파동을 중력파라고 한다. 또한 진동이 옆으로 계속 전달되는 것을 파동 현상이라고 한다. 단순히 파동이라고 부르기도 하는데, 파동을 전달하는 매개체를 매질이라고 한다.

수면에 생긴 파도를 이용한 스포츠인 서핑을 즐길 때는 보드 위에 엎드린 다음 상하 운동을 하며 큰 파도를 기다린다. 멀리서 커다란 파도가 다가오는 것이 보이면 파도를 등지고 손발로 물을 저으며 속도를 낸다. 파도가 왔을 때 파도의 경사진 면 위에서 오랜 시간 머무를 수 있으므로 파도의 경사면을 따라 미끄러져 내려가는 방향으로 힘이 작용한다. 이 힘을 잘 이용해서 보드가 파도를 미끄러져 내려가는 속도와 파도가 나아가는 속도를 비슷하게 맞추면 보드는 계속 파도 위에 있을 수 있다. 이 모든 과정이 잘 이루어지면 오랫동안 파도를 타며 즐길 수 있다. 이때 옆에서 관찰하면 마치 경사면의 한 점에 멈춰선 채로 수면을 미끄러져 내려가는 것처럼 보인다.

1 파도의 움직임

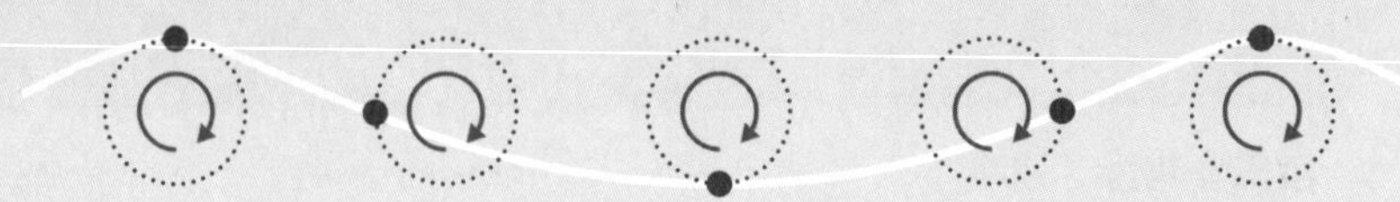

파도를 자세히 관찰하면, 수면은 상하로 왕복 운동을 할 뿐만 아니라 원을 그리듯이 수평으로 왕복 운동을 하고 있다.

2 파동의 진행 방향과 파장

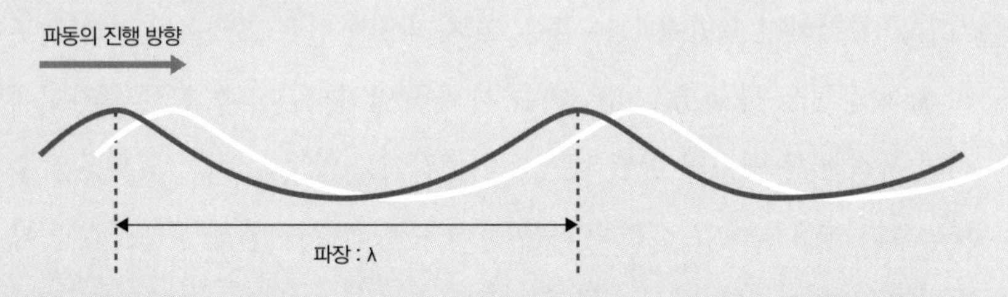

왼쪽에서 오른쪽으로 형태를 유지한 채 나아가는 파동을 어떤 순간(파란색 선)과 다른 순간(흰색 선)에 옆에서 본 모습이다. 한 산에서 다른 산까지의 거리를 파동의 파장이라고 하며, 파동이 나아가는 속도를 위상 속도(v)라고 한다.

파도의 파장이 수심보다 깊을 때의 위상 속도와 수심보다 얕을 때의 위상 속도는 다음과 같이 근사할 수 있다.
깊을 때 : $v = 1.25\sqrt{\lambda}$ (m/s)
얕을 때 : $v = 3.13\sqrt{h}$ (m/s)
λ(람다)는 파장이고, h는 수심이다(둘 다 단위는 m).

3 서핑

파도가 나아가는 것과 똑같은 속도로 해변으로 향하면 파도에 대한 상대적인 위치는 변하지 않는다.

야구 배트의 '스위트 스팟'으로 공을 쳤을 때의 효과

타격 중심

야구 배트나 테니스 라켓으로 공을 칠 때 가끔 손목에 거의 충격이 느껴지지 않을 때가 있다. 어떻게 그런 일이 가능한지 알아보자. 야구 배트 대신 곧은 막대기를 예로 들어 설명하겠다.

우선 그림 ①처럼 바닥에 가만히 서 있는 막대기의 중심 C에 질량이 m인 공이 수평 방향으로 V_0의 속도로 충돌한다고 해보자. 막대기의 중심 C는 무게 중심(질량 중심)으로 무게의 균형이 가장 잘 잡혀 있는 부분이다.

막대기와 충돌한 공은 왼쪽으로 V의 속도로 튕겨 나가고, 막대기는 오른쪽으로 움직이기 시작한다(막대기가 회전하거나 하지는 않는다). 이때 막대기가 공에서 받은 충격력은 공의 운동량의 차(mv_0 - mv)와 같다.

그럼 이번에는 그림 ②처럼 공이 막대기의 중심에서 h만큼 떨어진 부분에 부딪쳤다고 하면 어떻게 될까?

충돌 직후에 막대기는 전체적으로 보면 오른쪽으로 움직이지만, 이와 동시에 반시계방향으로 회전 운동도 시작한다. 이때 막대기 중에서 바닥에 대해 멈춰 있는 부분이 딱 한군데 있다. 바꿔 말하면 회전의 중심(그림 ②의 점 D)이라고 할 수 있다. 이 부분은 유일하게 공에서 받은 충격력이 미치지 않는 곳으로 타격 중심이라고 한다.

만약 막대기의 타격 중심 부분을 쥐고 있었다면, 공이 부딪쳐도 손에는 거의 충격이 느껴지지 않았을 것이다. 막대기의 중심에서 타격 중심까지의 거리를 h′라고 하면 다음과 같은 식이 성립한다.

$h' = k^2/h$ (k : 막대기의 모양에 따라 결정되는 회전 반지름)

1 바닥 위에 정지해 있는 막대기의 중심 C에 공이 부딪쳤을 때

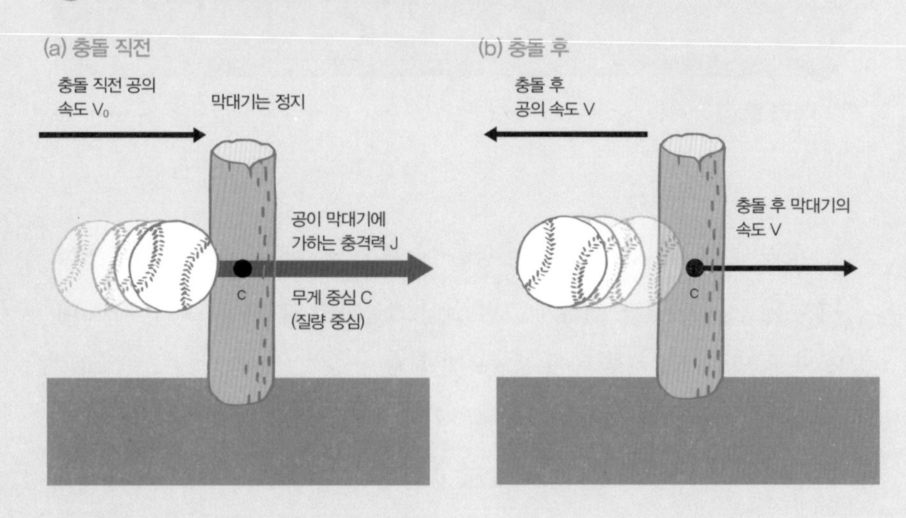

2 막대기의 중심에서 h만큼 떨어진 곳에 공이 부딪쳤을 때

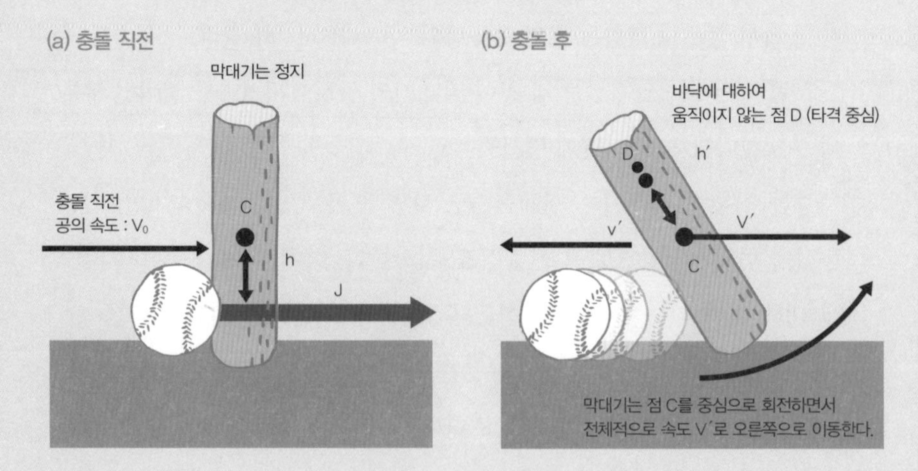

바닥에 대하여 멈춰 있는 점 D를 타격 중심이라고 한다. 점 D와 무게 중심 C의 거리 h′는 다음과 같다.

$h' = k^2 / h$

k는 막대기의 형태에 따라 정해지는 상수로 회전 반지름이라고 한다.

야구 배트나 테니스 라켓으로 공을 칠 때의 상황은 이보다 훨씬 더 복잡하지만, 흔히 스위트 스팟이라고 불리는 부분으로 공을 치면 손으로 쥔 부분이 타격 중심이 되어 충격을 덜 느낄 수 있다.

골프공 표면에 움푹 파인 부분들은 뭘까?

경계층 제어

골프공 표면에는 오목하게 파인 홈이 아주 많다. '딤플(dimple)'이라고 하는데 공을 멀리 날리기 위한 노력의 일환이다. 골프가 처음 시작됐을 때는 표면이 매끈한 공을 사용했다. 그런데 오래 사용해서 표면에 상처가 많은 공일수록 더 멀리 날아간다는 사실이 알려지면서 적극적으로 홈을 만들기 시작했다고 한다. 이는 날아가는 골프공 뒤에 생기는 공기의 소용돌이와 관련이 있다.

수영장에 들어가서 천천히 걸으면 평소보다 저항을 더 많이 느낀다. 물의 점성 때문에 몸 주변에 있는 물이 사람의 움직임에 따라오기 때문이다. 만약 물속에서 더 빨리 걸으려 하면 더욱 큰 저항을 느낀다. 이때 뒤를 돌아보면 자신이 지나온 수면이 복잡하게 소용돌이치고 있다는 사실을 알 수 있다. 이 저항을 압력 저항이라고 부른다.

일상생활에서는 그다지 의식할 일이 없지만, 속도가 빠를 때는 공기 중에서도 똑같은 일이 일어난다. 골프공이 날아가는 초기 속도는 시속 200km에 이르는데, 이는 골프공 뒤에 충분히 공기의 소용돌이가 생길 수 있는 속도다.

실제로 실험을 해본 결과 공에 딤플이 있으면 공 표면을 따라 흐르는 공기의 흐름(층흐름)이 더 매끄러워지고, 공 뒤에 생기는 소용돌이의 크기도 훨씬 작아진다. 홈 근처에 있는 공기가 일으키는 작은 소용돌이가 공 주위를 지나는 공기의 흐름을 정돈해주기 때문이다(정류 효과). 소용돌이가 작아지면 공기 저항도 작아지기 때문에 골프공이 더 멀리 날아갈 수 있다.

① 표면이 매끈한 공과 홈이 있는 공 주변의 공기 흐름

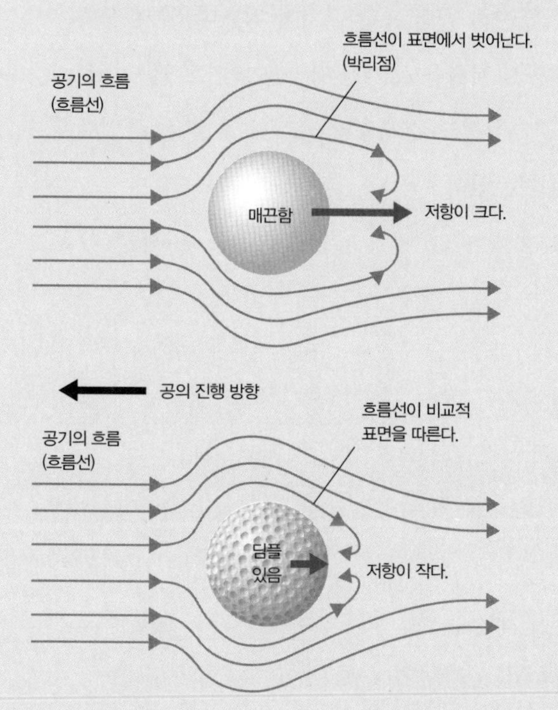

요철이 있는 공에서는 공기가 공의 뒤쪽까지 표면을 따라 흐르므로 저항이 작아진다.

② 표면이 매끄럽고 크기와 속도가 골프공과 같을 때의 항력 F_d

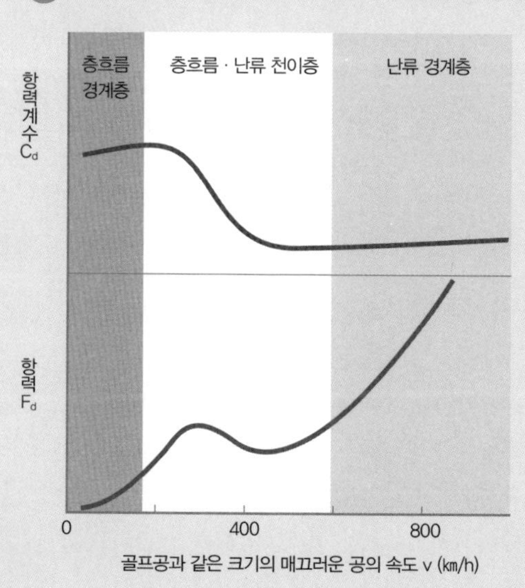

$F_d = aC_dV^2$ (a는 상수)

층흐름 · 난류 천이층에는 속도가 빨라질 때 항력이 작아지는 영역이 있다. 딤플은 층흐름 · 난류 천이층을 느린 속도에서 재현하는 효과가 있다.

공기의 점성 때문에 공이 움직일 때 함께 따라 움직이는 공기의 층을 경계층이라고 한다. 경계층은 당연히 공의 표면 근처에 있으며, 골프공의 홈은 경계층을 조절함으로써 공기 저항을 줄이는 기능을 한다고 볼 수 있다.

스키 점프나 수영 등의 경기에서도 경계층의 공기 흐름을 잘 조절해서 공기 저항을 줄이려고 노력하고 있다.

회전을 걸어 던진 공이 꺾이는 이유

공기의 압력 차와 양력 —— 베르누이의 정리와 마구누스 효과

야구의 투수는 직구에 커브, 슈트 등의 변화구를 섞어서 타자를 잡아낸다.

프로 야구의 투수가 던진 공의 속도는 사람에 따라 다르지만, 대체로 변화구가 130km/h 직구가 140km/h 정도다. 공은 공기 저항을 받으며 날아가므로, 타자 앞에 왔을 때는 던진 순간보다 속도가 약 10km/h 정도 줄어 있다. 이 속도에서는 공기가 거의 공의 표면을 따라 흐른다.

일반적으로 투수가 던진 공은 회전(자전)하면서 날아간다. 공기에는 점성이 있으므로 공 주변의 공기는 공 표면의 회전을 따라가려 한다. 그래서 그림 ②처럼 공이 회전할 때는 위쪽 공기의 흐름이 아래쪽보다 빨라진다. 그러면 베르누이의 정리에 따라 위쪽 공기의 압력은 아래쪽보다 낮아진다. 이 압력 차 때문에 공에는 아래에서 위로 양력(마구누스 힘)이 작용한다. 이를 마구누스 효과라고 한다. 마구누스 힘은 공의 회전 속도에 비례한다.

공은 세로 방향의 회전이 빠르면 타자가 예상하는 코스보다 높은 곳을 지난다. 또한 가로 방향의 회전이 빠르면 가로로 꺾인다.

참고로 변화구는 던진 직후보다 타자 근처에서 더 심하게 꺾인다고 알려져 있다. 그 원인 중 하나는 던진 직후에는 공기의 흐름이 공의 회전을 따라잡지 못하기 때문이다. 하지만 나중에는 공기의 흐름이 공의 회전을 따라잡으면서 마구누스 힘이 작용하는 것으로 설명할 수 있다.

또 다른 원인으로는 항력계수가 속도에 의존한다는 점을 들 수 있다.

1 투수가 던진 공의 구종과 공의 회전 방향

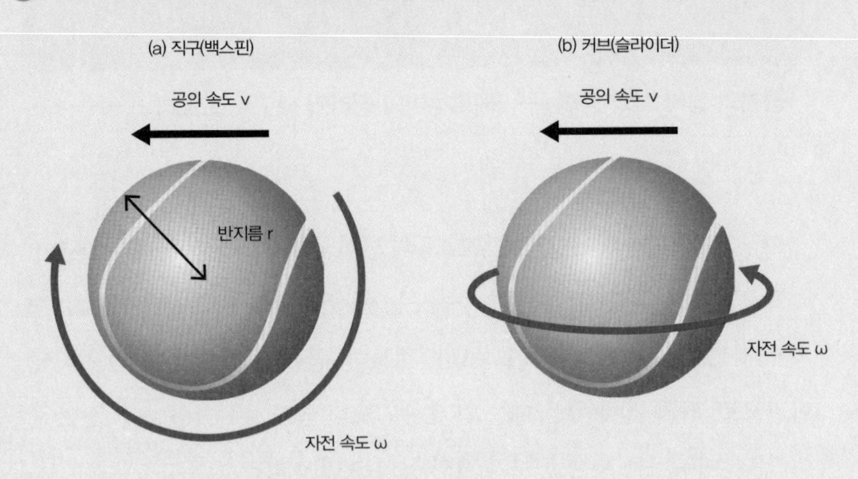

2 회전하는 공에 작용하는 양력

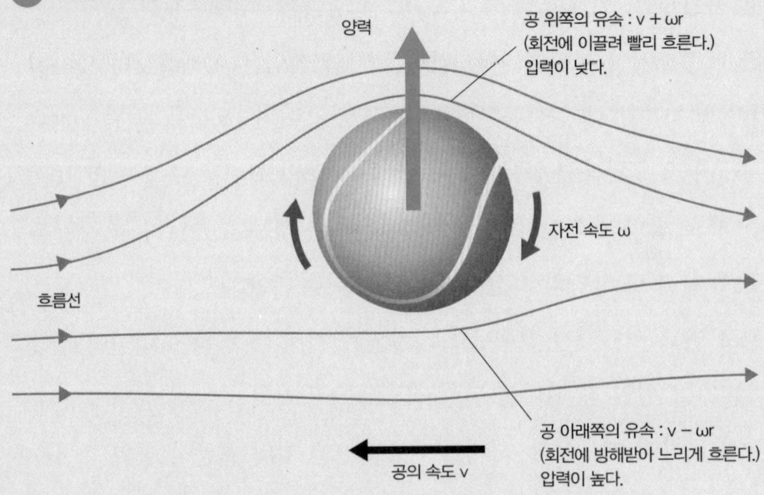

공 위쪽에서는 공기의 흐름이 공의 회전에 이끌려 빨라지고, 아래쪽에서는 공기의 흐름이 공의 회전에 방해받아 느려진다. 이때 베르누이의 정리에 따르면 위쪽 압력이 낮아지고, 아래쪽 압력은 높아진다. 그 압력 차 때문에 아래에서 위로 힘(양력)이 작용한다.

베르누이의 정리

$$P + \frac{1}{2}\rho u^2 + \rho gh = (\text{일정한 값})$$

P : 공기의 압력 ρ : 공기의 밀도

u : 공기의 유속 g : 중력가속도 h : 높이

3

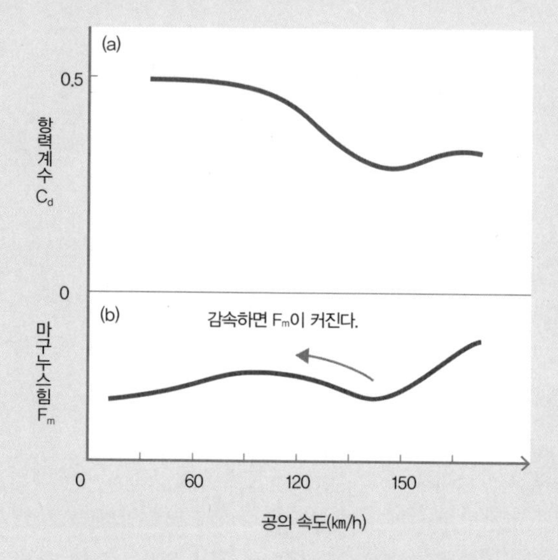

야구공의 속도에 대한 (a) 항력 계수 C_d와 (b) 항력 계수로 구할 수 있는 회전 속도가 일정할 때의 마구누스 힘 F_m(임의의 단위).

그래프 ③은 야구공의 속도에 대한 항력계수와 마구누스 힘이다. 즉, 공을 던진 직후에는 마구누스 힘이 약하지만, 공기 저항 때문에 공의 속도가 줄어들면서 타자 근처에선 마구누스 힘이 세진다.

이 두 가지 효과 때문에 공은 타자 근처에서 심하게 변화한다.

제4장

탈것과 물리

자기부상열차가 공중에 뜬 채로 달릴 수 있는 이유

초전도 자석에 의한 인력과 척력

현재 일본에서 건설 중인 리니어 주오 신칸센은 시나가와~나고야 구간 286km를 약 40분 만에 돌파한다고 한다. 리니어 주오 신칸센의 차내에는 초전도 자석이 탑재될 예정인데, 대단히 강력한 전자석으로 N극과 S극을 바꾸는 일이 어려워서 영구자석처럼 다룬다.

자기부상열차는 가속할 때나 감속할 때나 자석의 인력과 척력을 모두 사용한다. 지상의 벽에 일반적인 전자석(추진 코일)을 배치하고, 열차가 지나는 타이밍에 맞춰서 추진 코일의 극성을 바꿔 준다.

자기부상열차의 가장 큰 특징은 공중에 뜬 채로 달리기 때문에 땅바닥과의 마찰이 없다는 점이다. 열차를 공중에 띄우기 위해 추진 코일보다 안쪽에 부상·안내 코일이 부설되어 있다(그림 ③). 이 코일은 O 모양이 위아래로 두 개 이어져 있는 8자 모양이다. 차체에 붙어 있는 초전도 자석의 N극이 8자 모양의 아래쪽 O 부분을 통과하면, 유도 전류 때문에 아래쪽 O는 N극이 되고 위쪽 O는 S극이 된다. 따라서 유도 전류가 흐르는 동안 초전도 자석은 위쪽에서 인력을 받고 아래쪽에서 척력을 받는다. 이것이 열차가 떠 있을 수 있는 원리다. 하지만 초전도 자석이 고속으로 코일 곁을 통과하지 않으면 힘이 부족해서 떠 있을 수 없다. 그래서 천천히 달릴 때는 타이어를 이용한다.

이 코일은 반대쪽 벽의 코일과 이어져 있기에 좌우의 어긋남을 조절하는 기능도 한다. 부상 · 안내 코일은 차량의 위치를 자동으로 조절해 주는 편리한 장치인 셈이다.

① 자기부상열차가 달리는 원리

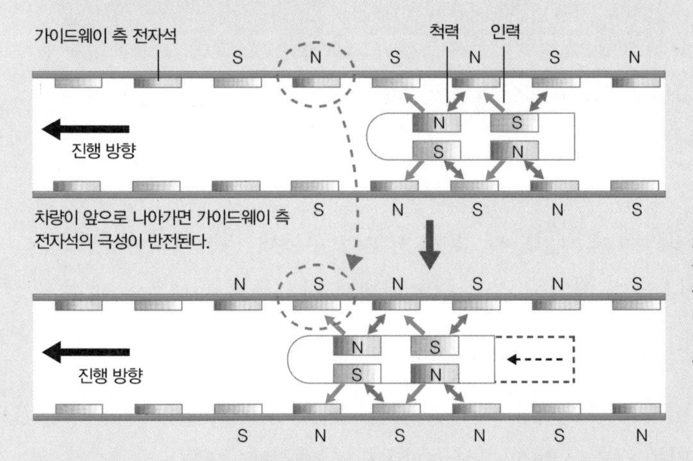

차량이 앞으로 나아가면 가이드웨이 측 전자석의 극성이 반전된다.

차량 측은 초전도 전자석이므로 극성은 일정하다. 가이드웨이 측 전자석은 차량의 진행에 따라 극성이 반전된다.
이 방식에서는 인력과 척력을 둘 다 이용한다.

② 지상측 가이드웨이의 구조

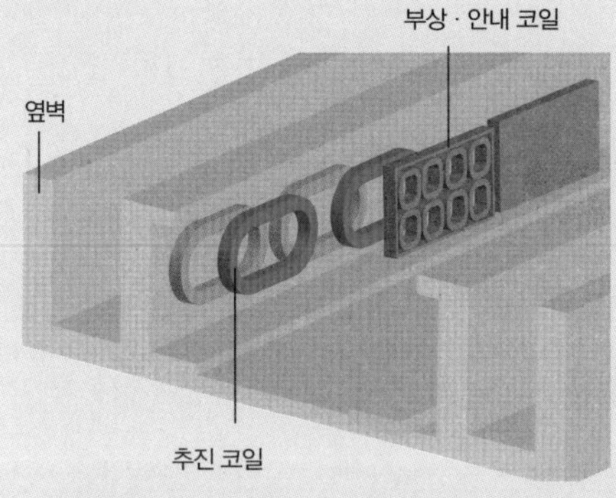

추진 코일보다 안쪽에 부상 · 안내 코일이 설치되어 있다. 부상 · 안내 코일은 전자기 유도에 의한 유도 전류만 흐른다(적극적으로 제어하지는 않는다).

③ 부상 · 안내 코일의 원리

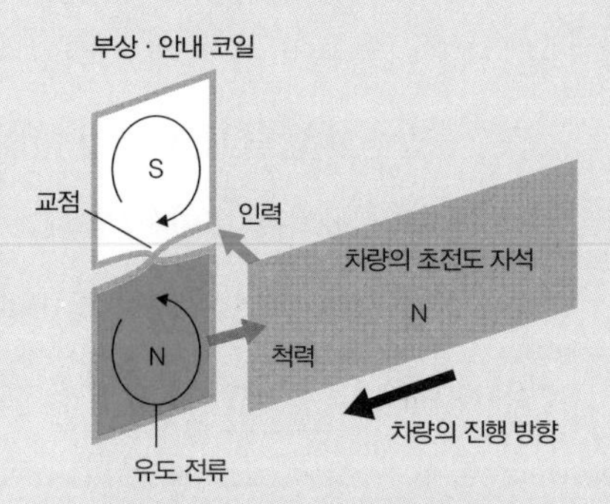

차량의 초전도 자석이 접근할 때의 모습이다. 그림처럼 유도 전류가 흐르는 동안 초전도 자석은 부력을 얻을 수 있다.

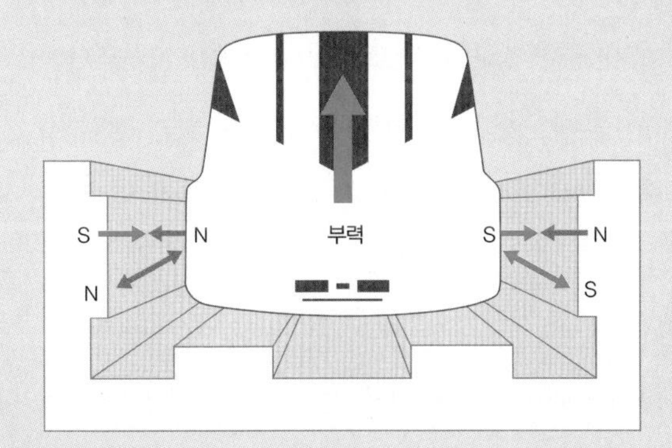

부상 · 안내 코일을 이용하여 좌우 어긋남을 자동으로 조절한다.

비행기의 속도와 고도는 어떻게 측정할까?

대기 속도와 고도 측정 —— 베르누이의 정리

비행기를 안전하게 운항하려면 항상 속도와 고도를 파악하고 있어야 한다. 지금부터 소형 비행기나 글라이더 등에서 사용하는 속도계와 고도계의 원리를 알아보자.

지상을 달리는 자동차와 기차 등은 땅바닥에 대한 속도(대지 속도)를 측정하지만, 비행기는 공기에 대한 속도(대기 속도)를 측정해야 한다.

바람이 없을 때도 자전거를 타고 빠르게 달리면 정면에서 공기 저항을 받는다. 이는 공기가 원래 지니고 있는 압력 P_s(정압, 기압)에 자전거가 달림으로써 발생한 압력 P_d(동압)이 더해지기 때문이다.

자전거의 공기에 대한 속도(대기 속도)가 v이고 공기 밀도가 ρ일 때, 자전거에 탄 사람이 받는 압력 P_t(전압)은 베르누이의 정리에 따라 $P_t = P_s + P_d = P_s + \rho v2/2$가 된다. 따라서 전압과 정압의 차 $P_t - P_s$를 알 수 있다면 대기 속도 v는 $v = \sqrt{\frac{2(P_t - P_s)}{\rho}}$ 로 구할 수 있다.

동압은 공기의 흐름(흐름선) 방향으로만 작용하므로 흐름의 정면 방향으로 잰 압력이 전압 P_t이고, 흐름의 수직 방향으로 잰 압력이 정압 P_s다.

그림 ③은 대기 속도를 재기 위한 장치인 피토관이다. 전압 P_t인 공기는 피토관 끝에 있는 C(정체점)를 통해, 정압 P_s인 공기는 측면에 있는 정압 구멍 D를 통해 튜브를 따라 속도계로 들어온다. 이 속도계의 기능은 압력 차 $P_t - P_s$를 속도로 변환해서 표시하는 것이다.

다음으로 고도계를 살펴보자.

공기의 정압은 고도가 1,000m 상승할 때마다 약 100hPa씩 떨어진다.

1 대기 속도와 대지 속도의 차이

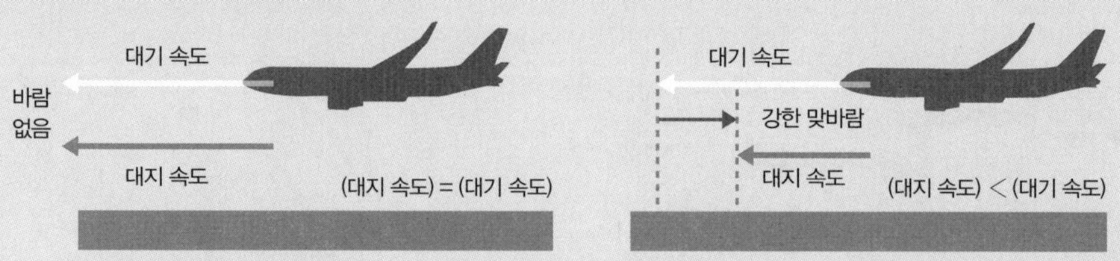

항공기가 비행하는 중에는 대기 속도가 중요하고, 이착륙 시에는 대기 속도와 대지 속도 둘 다 중요하다.

2 v의 속도로 똑바로 흐르는 공기의 정상류

흐름선 : 각 점에서 공기가 흐르는 방향을 나타내는 선
흐름관 : 흐름선이 거의 같은 것끼리 모아서 만든 관

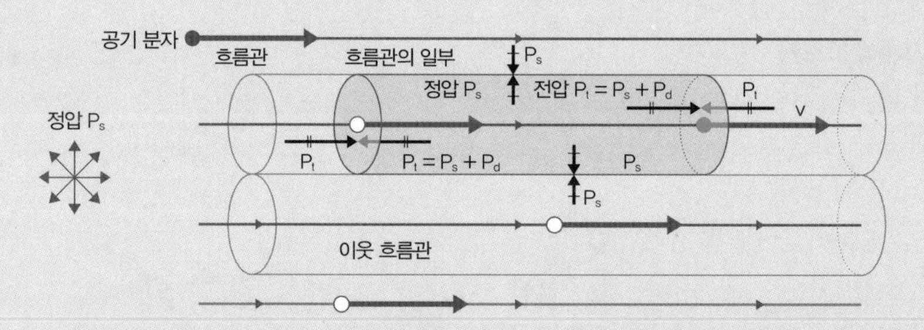

공기는 흐름선을 따라 흐른다. 흐름관은 비슷한 방향으로 흐르는 공기(흐름선)를 어느 정도 모아서 관의 형태로 만든 것이다. 정압 P_s는 모든 방향에 균등하게 작용하지만, 동압 P_d는 흐름선의 방향으로만 작용한다.

3 피토관의 구성

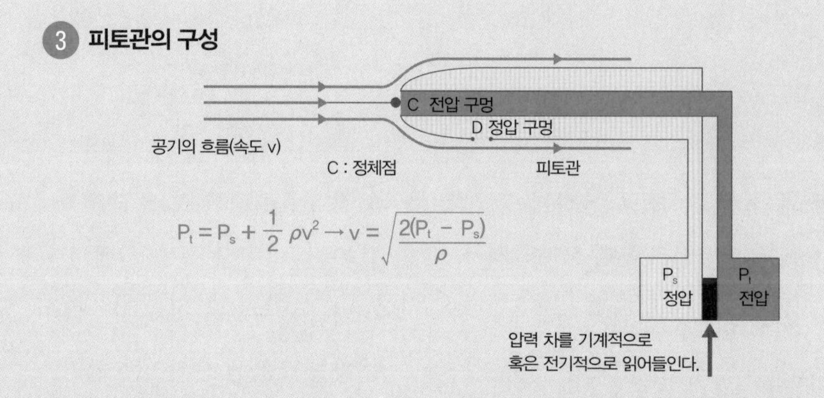

$$P_t = P_s + \frac{1}{2}\rho v^2 \rightarrow v = \sqrt{\frac{2(P_t - P_s)}{\rho}}$$

4 기계식 속도계

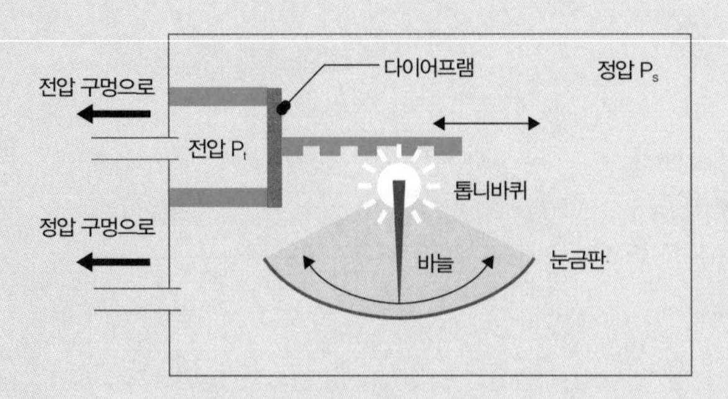

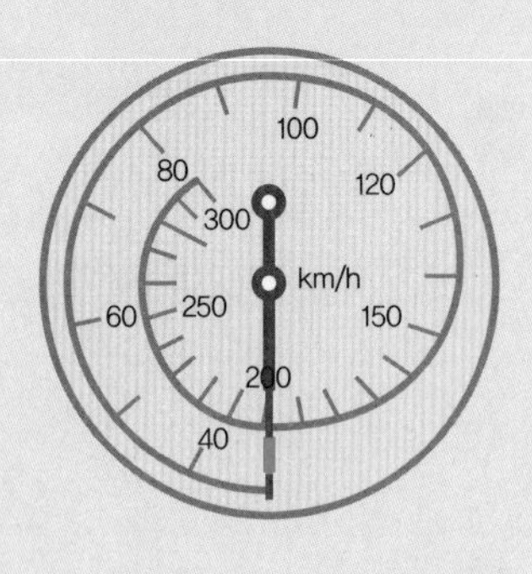

다이어프램은 전압인 공기와 정압인 공기를 차단하여 압력 차에 따라 좌우로 늘였다 줄였다 할 수 있다.

5 기계식 고도계

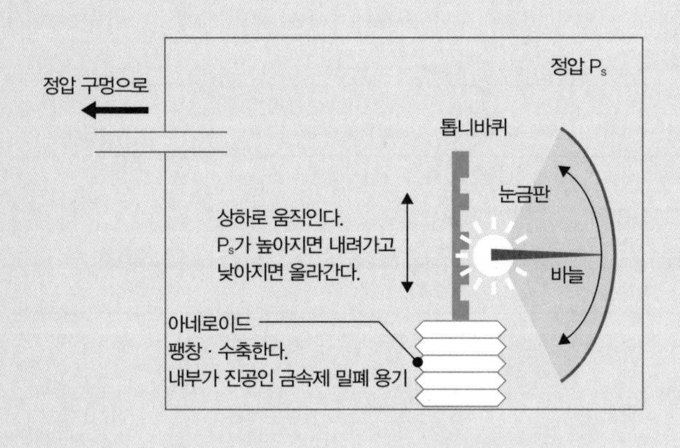

지상의 기압이 변화했을 때 위에 동그라미 친 기압 눈금 조절판의 수치를 지상의 기압에 맞추기 위한 조절용 손잡이

고도계는 이 원리를 이용하여 상공의 정압과 계기에 설정된 평균 해면(해발 0m)의 기압 차를 통해 평균 해면에서 얼마나 높이 떠 있는지 표시해 준다. 비행 중에 날씨 변화 등으로 인해 지상의 기압이 변하면 실제 고도와 고도계에 표시되는 고도가 맞지 않는다. 이럴 때는 조절용 손잡이를 돌려서 평균 해면 기압을 다시 설정해 주면 된다.

비행기 앞날개 끝에 작은 날개가 수직으로 붙어 있는 이유

윙렛의 기능

비행기 앞날개 끝에는 수직으로 작은 날개가 붙어 있다. 이를 윙렛이라고 한다. 윙렛은 어떤 기능을 할까?

비행기 날개는 위쪽 공기의 압력이 아래쪽 공기의 압력보다 낮아지도록, 다시 말해 양력을 받도록 설계되어 있다. 그런데 날개 주변에는 딱히 칸막이가 있는 것도 아니므로 압력이 높은 날개 아래쪽 공기가 날개 끝의 바깥쪽으로 돌아서 날개 위로 흘러든다. 이 흐름 때문에 날개 끝에서는 공기의 소용돌이가 생긴다. 즉, 비행기는 양력의 부산물인 소용돌이를 일으키느라 쓸데없이 여분의 연료(에너지)를 소모해야 한다. 이러한 원리로 만들어지는 항력을 유도 항력이라고 한다.

다행히 양력을 유지하면서 유도 항력을 줄이는 방법이 몇 가지 있다. 하나는 날개를 길고 가늘게 만드는 것인데, 동력이 없는 글라이더(활공기)에 많이 쓰이는 방법이다. 하지만 날개를 길게 만들면 지렛대의 원리에 따라 날개와 동체의 접속 부분에 걸리는 회전력이 커진다. 따라서 강한 양력이 필요한 여객기에서는 동체의 강도에 문제가 생긴다.

바다 위를 활강하는 날치처럼 지면 효과를 이용하는 방법도 있다. 지면 효과란 해면이나 지표면 근처를 비행할 때는 소용돌이가 약해진다는 현상이다. 물론 비행기의 안전성을 고려하면 그다지 현실적인 방법은 아니다.

마지막으로 소개할 방법이 바로 윙렛이다. 윙렛은 날개 끝에서 공기가 흐르는 것을 방해함으로써 소용돌이를 줄이는 기능을 한다. 장거리 여객기에서는 윙렛 덕에 연료를 3~5% 절약할 수 있다.

① 여객기의 윙렛

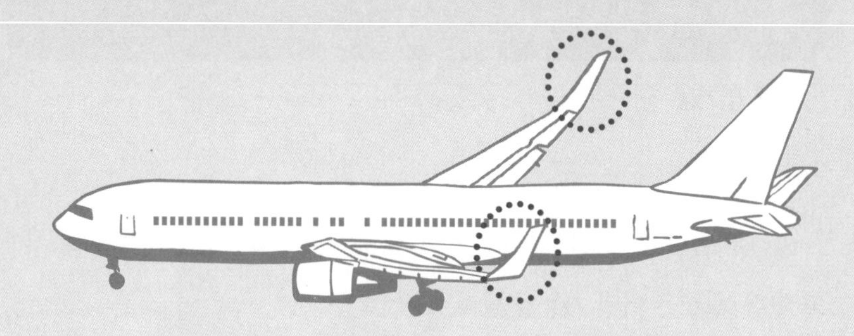

② 날개 길이가 18m인 글라이더의 윙렛

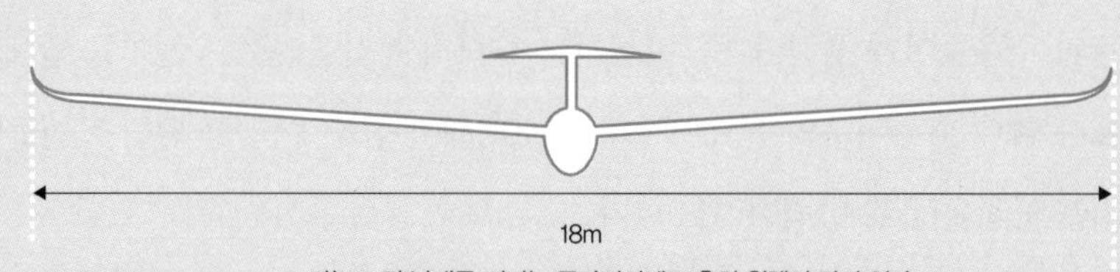

가늘고 긴 날개를 지니는 글라이더에도 흔히 윙렛이 달려 있다.

③ 날개 끝에서의 공기 흐름

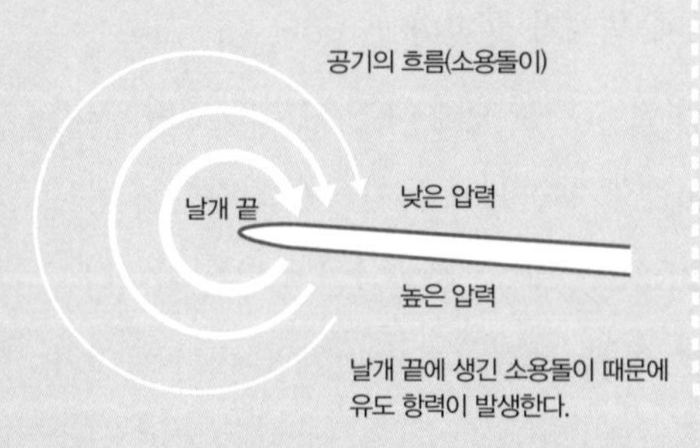

날개 끝에 생긴 소용돌이 때문에
유도 항력이 발생한다.

대형 여객기가 만들어내는 소용돌이는 아주 강력해서 통과한 후에도 몇 분 동안이나 소용돌이가 남아 있을 때도 있다.
특히 비행기가 이륙할 때와 착륙할 때 강한 소용돌이와 맞닥뜨리면 자세가 갑자기 무너질 수 있기에 매우 위험하다.
따라서 대형 여객기가 이착륙한 뒤에는 소용돌이가 어느 정도 가라앉을 때까지 기다린 후에 다음 비행기가 이착륙해야 한다는 규정이 있다.

4 유도 항력을 작게 만드는 방법

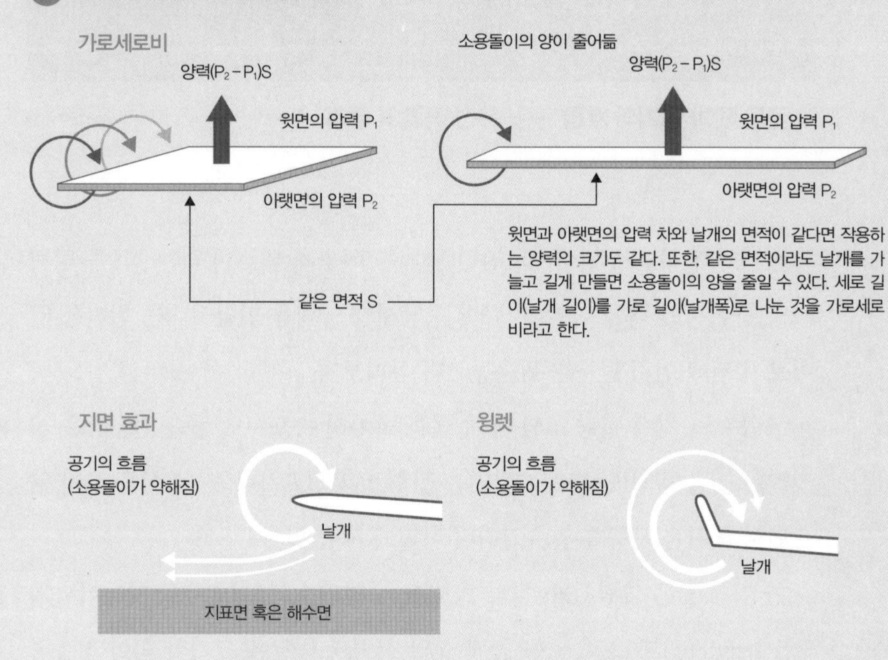

윗면과 아랫면의 압력 차와 날개의 면적이 같다면 작용하는 양력의 크기도 같다. 또한, 같은 면적이라도 날개를 가늘고 길게 만들면 소용돌이의 양을 줄일 수 있다. 세로 길이(날개 길이)를 가로 길이(날개폭)로 나눈 것을 가로세로비라고 한다.

유도 항력을 이용하여 V자 비행을 하는 철새

비행기를 운항할 때는 유도 항력이 골칫거리 취급을 받지만, 일부 철새는 오히려 이를 나는 데 활용하기도 한다.
비행기와 마찬가지로 새가 나는 경로에도 날갯짓에 따라 소용돌이가 생긴다. 뒤에 있는 새는 앞에 있는 새가 일으킨 소용돌이의 힘을 이용함으로써 다소 편하게 날 수 있다. 이것이 바로 철새가 V자 대형으로 무리 지어 나는 이유로 추측된다. 맨 앞자리는 가장 부담이 크므로 돌아가면서 맡는다.

5 앞에 있는 새가 만드는 소용돌이와 뒤에 있는 새의 관계

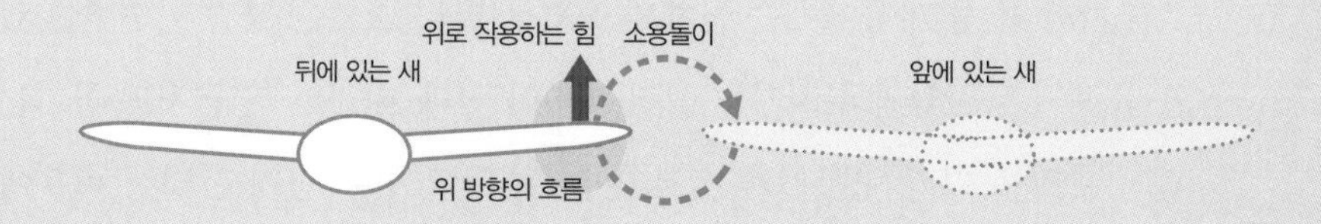

비행기의 '양력'은 어떻게 생기는 걸까?

굽은 판과 공기의 흐름 —— 유선 곡률의 정리

비행기가 하늘로 날아오르려면 날개를 이용해 위로 향하는 힘, 즉 양력을 만들어서 중력을 이겨내야 한다. 날개가 양력을 만들어내는 원리를 알아보기 전에 먼저 단순한 원운동부터 살펴보자.

그림 ①(a)처럼 질량 m인 공에 실을 달아서 속도 v로 등속 원운동을 시키려면 실을 항상 안쪽으로 당기는 장력 T가 필요하다. 만약 실을 쓰지 않으면서 똑같은 운동을 일으키려면 어떻게 해야 할까?

한 가지 답은 그림 ①(b)처럼 원 궤도의 안팎으로 압력 차를 만들어서(가능한지 아닌지는 일단 덮어 두자) 공에 실의 장력과 똑같은 크기의 힘이 작용하도록 해 주면 된다. 이 상태에서 공을 원 궤도에 따라 속도 v로 밀어내면 그림 ①(a)와 똑같은 등속 원운동을 할 것이다.

이 공을 공기 분자라고 생각하면 원 궤도는 공기의 흐름을 나타내는 흐름선이라고 볼 수 있다. 즉, 어떤 원인으로 굽어 있는 흐름선의 위아래에는 그림 ①(b)처럼 그에 걸맞은 압력 차가 있다(안쪽 압력이 낮다)는 것이다. 이를 유선 곡률의 정리라고 한다.

이제 양력을 살펴보자. 압력이 P_0인 정지해 있는 대기 속에서 활처럼 굽어 있는 판이 일정한 속도 v로 움직인다고 생각해 보자(그림 ②). 이는 정지해 있는 판을 향해 공기가 속도 v로 흐르는 것과 똑같은 상황이다.

공기와 물 등의 유체에는 물체의 표면을 따라 흐르는 성질과 주변에 있는 유체의 움직임에 끌려가는 성질(점성)이 있다. 따라서 판 근처의 공기는 판의 모양을 따라 구부러져 흐르고, 그 주위에 있는 공기도 점성 때문에

1 질량이 m인 공의 등속 운동(회전 반지름 r과 속도 v가 일정한 운동)

(a) 실의 장력 T가 구심력일 때

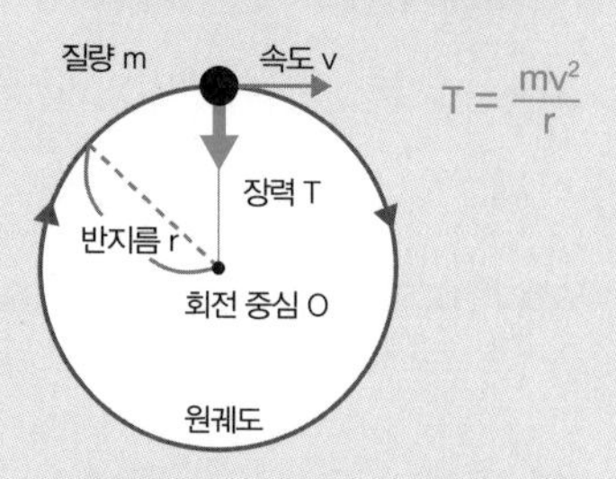

$T = \frac{mv^2}{r}$

(a) 실의 장력 T가 구심력으로 작용하는 등속 원운동

(b) 압력 차 $P_1 - P_2$가 구심력일 때

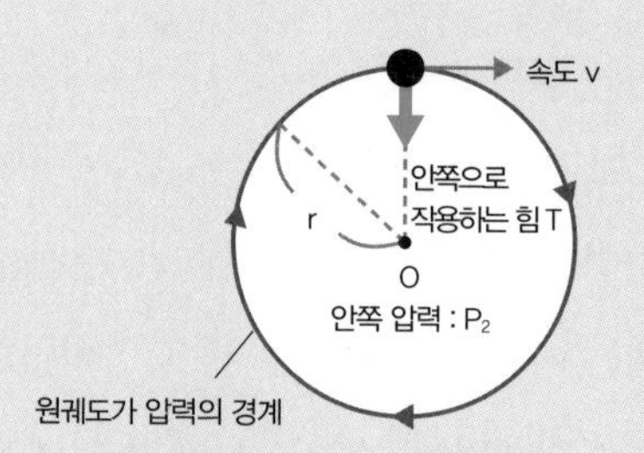

(b) 실을 쓰지 않으면서 (a)와 똑같은 운동을 하려면 원 궤도를 경계로 압력 차를 만들어줘야 한다.

바깥쪽 압력 : $P_1(> P_2)$

$T = (P_1 - P_2)\pi a^2$

*공의 반경을 a라고 했을 경우

2 굽은 판을 따라 흐르는 공기(흐름선)의 모습

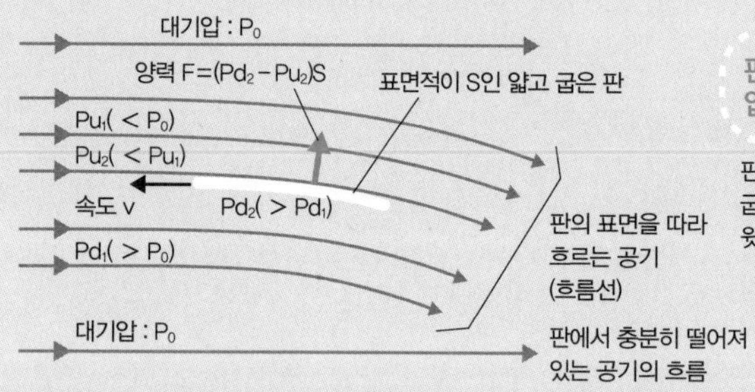

판의 윗면의 압력 Pu_2는 아랫면의 압력 Pd_2보다 낮다. ($Pu_2 < P_0 < Pd_2$)

판의 위와 아래에 압력 차가 없으면 흐름선은 굽을 수 없다. 또한 베르누이의 정리에 따라 판 윗면의 유속이 아랫면의 유속보다 빠르다.

3 단면이 유선형인 날개 주변의 공기 흐름

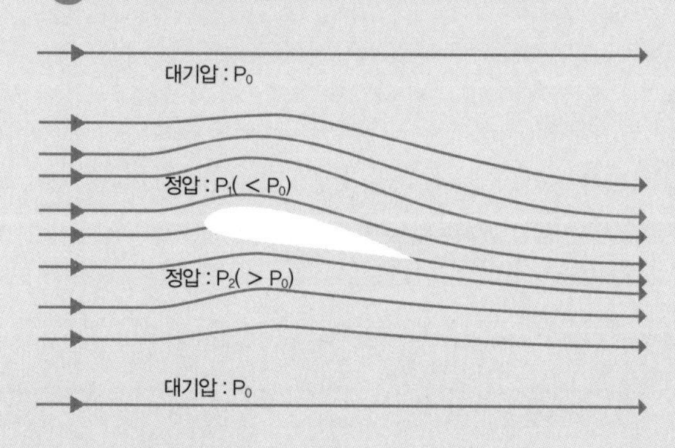

날개의 뒤쪽 가장자리와 앞쪽 가장자리를 잇는 선과 날개에 대한 공기의 흐름이 이루는 각을 받음각이라고 한다. 유속이 똑같다면 받음각이 클수록 양력도 커진다. 그렇다고 받음각을 너무 크게 잡으면 공기가 날개를 따라 흐르지 못한다.

뒤쪽 가장자리와 앞쪽 가장자리를 잇는 선

받음각

공기가 흐르는 방향

비슷한 모양으로 흐른다.

반대로 판에서 충분히 멀리 떨어져 있는 공기는 판 모양의 영향을 받지 않으므로 압력은 여전히 P_0다. 판 근처에서 굽은 흐름선에 유선 곡률의 정리를 적용하면 판 윗면의 압력은 대기압 P_0보다 낮아지며, 판 아랫면의 압력은 P_0보다 높아진다. 즉, 굽은 판은 윗면과 아랫면의 압력 차 때문에 아래에서 위로 양력이 작용한다(공기가 무게를 지탱해준다). 실제로 초기 비행기의 날개는 이런 식으로 굽은 판 모양이었다.

오늘날 비행기에 쓰이는 날개의 단면은 그림 ③처럼 유선형이다. 유선형 날개는 공기 저항을 적게 받고 양력을 효율적으로 발생시킬 수 있다.

프로펠러, 드론, 로켓이 추진력을 내는 방식

양력, 작용 반작용의 법칙, 운동량 보존 법칙

비행기와 로켓 등 하늘을 나는 탈것은 자동차처럼 땅바닥을 밀어서 추진력(앞으로 나아가는 힘)을 낼 수 없다. 그럼 어떤 식으로 추진력을 낼까?

소형 비행기는 프로펠러를 빠르게 회전시킴으로써 추진력을 만든다. 프로펠러의 단면은 비행기 날개 같은 모양이다. 그래서 회전시키면 양력이 발생하므로 비행기가 앞으로 나아갈 수 있다. 강한 추진력을 내고 싶다면 프로펠러의 회전수를 늘리거나 프로펠러가 기울어진 각도(피치)를 바꿔 주면 된다.

헬리콥터의 로터와 드론의 프로펠러도 소형 비행기와 똑같은 원리로 양력을 만들어낸다. 다만 비행기의 프로펠러는 추진력을 내서 비행기가 앞으로 나아가게끔 해줄 뿐이고 위로 뜨기 위한 양력은 날개가 만들어낸다.

반면, 헬리콥터의 로터와 드론의 프로펠러는 자신의 모든 중량을 들어올릴 만큼의 양력을 만들어내야 한다. 그래서 헬리콥터의 로터는 비행기의 프로펠러보다 훨씬 길다.

로켓 엔진은 작용과 반작용의 법칙을 이용해 추진력을 만들어낸다.

그림 ②처럼 멈춰 있는 보트에 탄 사람이 수평 방향으로 무게 추를 던지면 작용 반작용의 법칙에 따라 보트는 반대 방향으로 움직인다. 무게 추를 던진 전후로 운동량(질량×속도)은 보존되므로 무게 추를 더 빨리 던지거나 더 무거운 무게 추를 던지면 보트가 움직이는 속도도 빨라진다.

로켓 엔진은 연소실 안에서 생성한 고온 고압의 가스를 노즐을 통해 분사하며 그 반작용(반동)을 추진력으로 삼는다. 로켓 엔진은 산화제를 탑재

① 회전하는 프로펠러(고정 피치형)

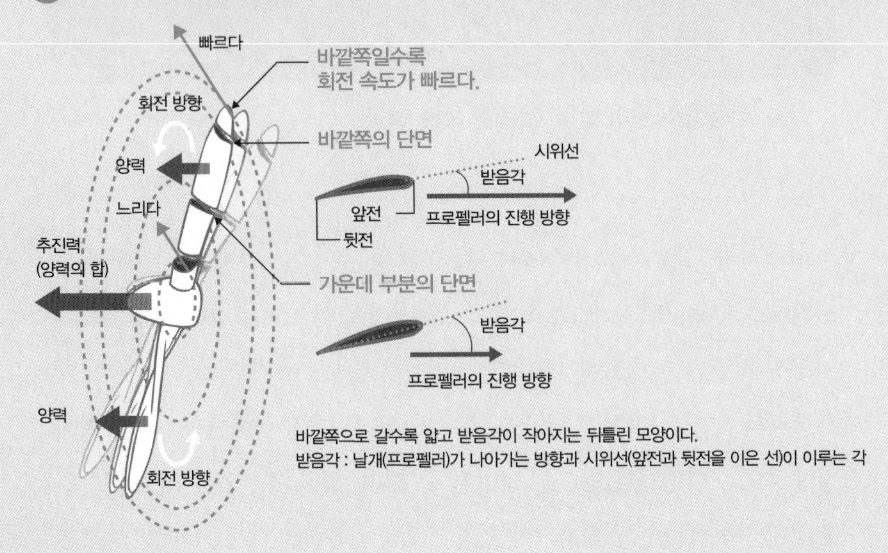

바깥쪽으로 갈수록 얇고 받음각이 작아지는 뒤틀린 모양이다.
받음각 : 날개(프로펠러)가 나아가는 방향과 시위선(앞전과 뒷전을 이은 선)이 이루는 각

② 작용 반작용의 법칙과 운동량 보존 법칙

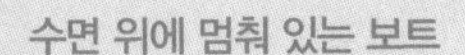

보트 + 사람의 질량 : M, 무게 추의 질량 : m
전체 운동량 : (M + m)0 = 0

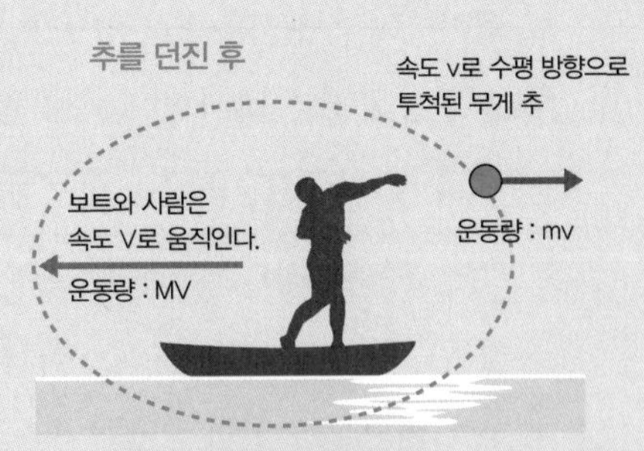

운동량 보존 법칙 : 0 = MV + mv　　V = −mv/M

무게 추를 던지기 전과 던진 후의 운동량은 보존된다.

③ 로켓 엔진과 터보팬 엔진

로켓 엔진

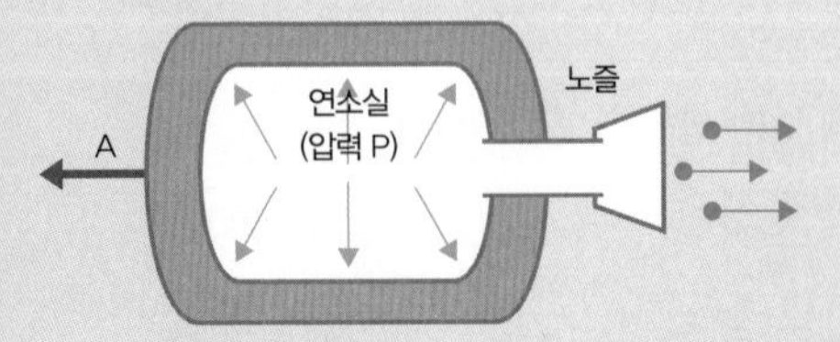

A : 추진력(가스의 반작용)
노즐을 좁히면 연소 가스의 분출 속도가 오른다.

터보팬 엔진(제트 엔진)

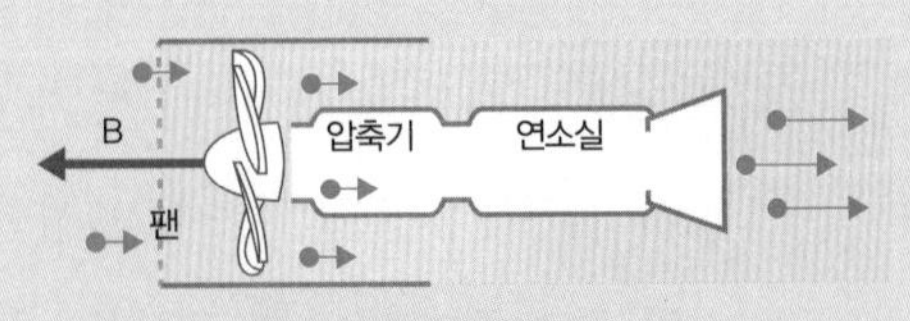

B : 추진력(가스와의 반작용 + 팬의 양력)
팬의 양력도 추진력의 일부가 된다.

하고 있으므로 공기가 없는 우주에서도 추진력을 낼 수 있다는 특징이 있다. 또한 제트 여객기는 공기를 빨아들이기 위한 커다란 팬이 달린 터보팬 엔진을 탑재하고 있다. 연료 가스의 반작용뿐만 아니라 팬으로 일으킨 양력도 추진력으로 삼을 수 있어서 연비가 좋고 비교적 덜 시끄럽다는 점이 특징이다.

전철과 전기 자동차는 어떤 모터를 쓸까?

직류 모터와 교류 모터

모터(전동기)라고 하면 흔히 건전지와 연결해서 쓰는 직류 모터가 생각나겠지만, 최신식 전철과 전기 자동차는 보통 교류 모터를 사용한다.

직류 모터는 내부에서 전류가 흐르는 방향을 바꿔주기 위한 브러시와 정류자를 포함하고 있다(그림 ①). 즉, 직류 모터는 자체적으로 직류를 교류로 바꿔서 회전하고 있는 셈이다. 이 부품들은 마모되므로 정기적인 보수 점검과 부품 교체를 해야 한다.

한편, 교류 모터는 모터 밖에 달린 인버터(직류 전력을 교류 전력으로 바꾸는 장치)가 만들어낸 교류 전류를 사용한다. 따라서 브러시 등 마모되는 부품을 쓸 필요가 없어서 유지 및 보수 작업이 비교적 간편하다. 이는 교류 모터가 여객을 운송하는 용도로 많이 쓰이는 이유이기도 하다.

교류 모터는 작동 방식에 따라 다양한 종류가 있다. 전철에서는 전자기 유도를 이용한 유도 전동기를 사용한다. 유도 전동기에서는 사다리 모양 도선을 둥글게 말아서 만든 바구니 모양 도선을 주변에 배치한 전자석에 흘려보내는 전류를 인버터로 제어함으로써 회전시킨다. 영구자석을 쓰지 않는다는 점이 특징이다.

전기 자동차에서는 영구자석을 회전체(로터)로 사용하는 방식이 쓰인다. 기본적인 원리는 직류 모터와 같지만, 영구자석의 위치를 감지하는 센서와 인버터를 조합함으로써 전자석에 흘려보내는 전류를 제어하므로 브러시와 정류자가 필요 없다. 인력과 반발력을 둘 다 이용하므로 효율적으로 회전할 수 있다는 점이 특징이다.

1 일반적인 직류 모터

A : 자기장의 방향
B : 힘의 방향
C : 전류의 방향

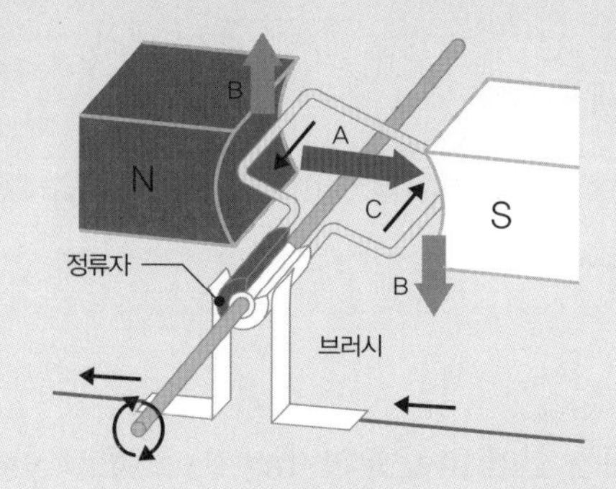

2 유도 전동기의 원리

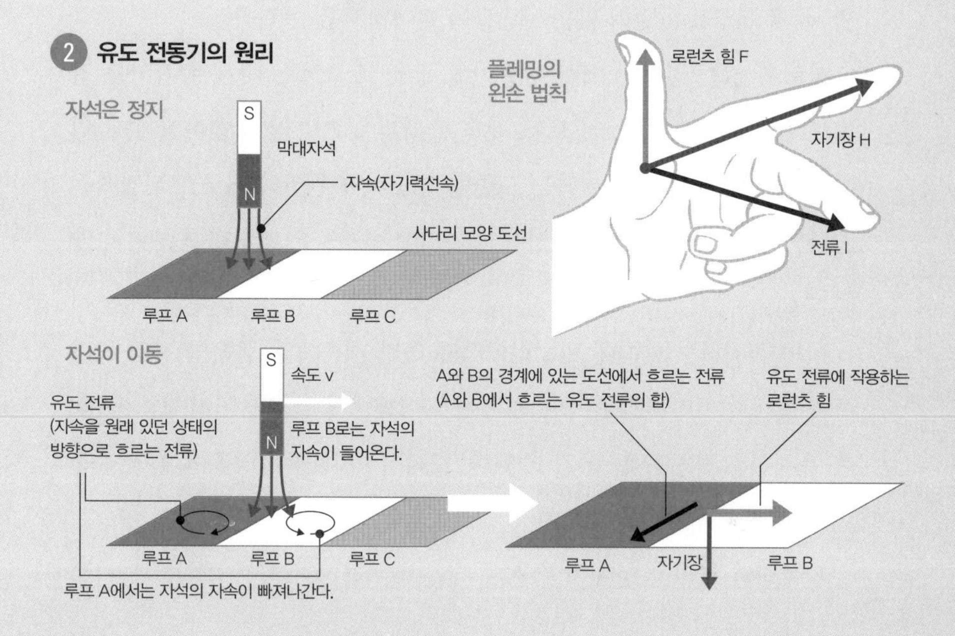

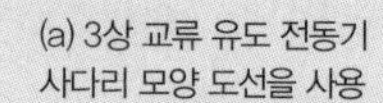

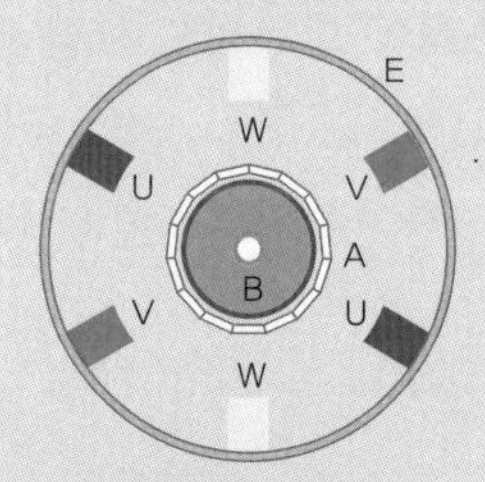

(b) 3상 교류 동기 전동기
로터에 영구자석을 사용

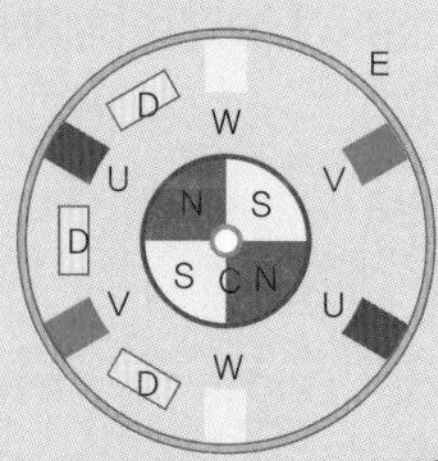

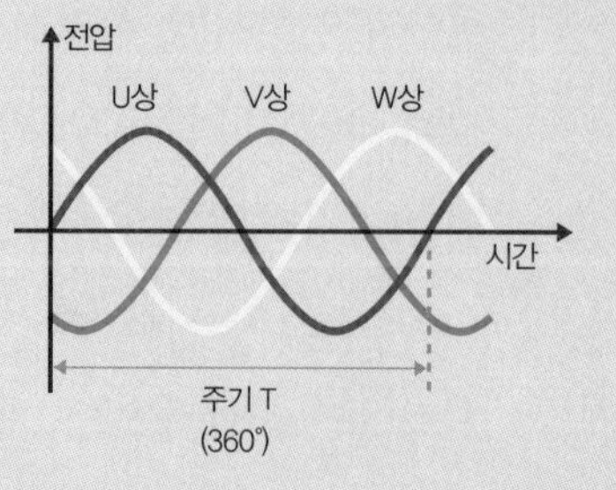

A : 사다리 모양 도선을 둥글게 만 것
B : A와 일체화한 회전체(로터)

C : 영구자석 로터
D : 영구자석의 위치 센서
E : 고정자

코일(전자석)
U : U상
V : V상
W : W상

롤러코스터가 회전할 때 사람이 떨어지지 않는 이유

원심력의 효과

롤러코스터는 인기 많은 놀이기구이다. 그런데 롤러코스터가 360° 회전할 때 왜 거꾸로 매달려 있는 사람들이 떨어지지 않는 걸까?

사람이 없는 넓은 곳에서 양동이에 물을 조금 넣은 다음 손잡이를 잡고 그림 ①처럼 빙빙 돌려 보자. 빨리 돌리지 않으면 물이 쏟아질 수도 있으니 조심해야 한다. 회전하는 도중에 양동이가 완전히 거꾸로 뒤집히는 순간이 있는데도, 물은 마치 양동이 바닥에 들러붙은 것처럼 쏟아지지 않는다.

이는 회전하는 물체에 원심력이 작용하기 때문이다. 물은 회전의 중심(어깨)에서 멀어지려고 하지만, 양동이가 어깨에서 일정한 거리(회전 반지름)를 유지하도록 사람을 꽉 잡고 있다. 그래서 마치 물이 양동이 바닥에 붙어 있는 것처럼 보이는 것이다.

원심력의 크기는 양동이 속도의 제곱에 비례하며 회전 반지름에 반비례한다.

롤러코스터의 회전도 이와 똑같은 원리다. 사람은 회전하는 바깥쪽으로 날아가려 하지만, 롤러코스터는 선로를 따라 움직이므로 사람은 좌석을 향해 꽉 눌린 것처럼 느끼는 것이다. 이것이 롤러코스터가 회전해도 사람이 떨어지지 않는 이유다.

롤러코스터를 소개할 때 회전하는 강도를 G(지구의 중력 가속도)라는 단위로 나타낼 때가 있다. 가령 +4G라고 쓰여 있으면 100g인 물체가 4배인 400g인 것처럼 느껴진다는 뜻이다.

1 원심력 실험

2 회전하는 롤러코스터(마찰과 공기 저항이 없을 때)

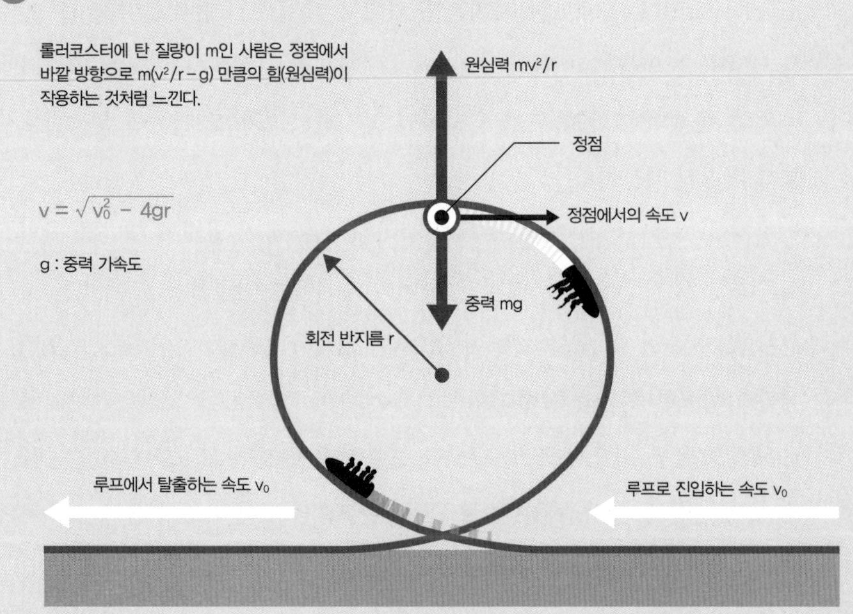

정지 위성은 초속 3km로 날고 있다고?

인공위성은 뉴턴의 아이디어라고?

18세기 영국의 물리학자 뉴턴은 이런 생각을 했다고 한다.

공을 수평으로 던지면 지구와의 만유인력 때문에 곧 땅에 떨어진다. 이때 공의 속도가 빠르면 빠를수록 더 먼 곳까지 날아갈 수 있다. 만약 산 같은 장애물이 없고 지구가 둥글다면, 속도가 아주 빠른 공은 땅에 떨어지기 전에 지구를 한 바퀴 돌 수 있지 않을까?

지구가 반지름이 약 6,000km인 구 모양이고 공기 저항이 없다고 가정하면, 공이 땅에 떨어지지 않은 채 지구를 한 바퀴 도는 데 필요한 속도는 초속 약 8km다. 실제로는 지표면 근처에서 이 속도를 유지하며 날 수 있는 인공물을 만들기란 거의 불가능하다. 지표면 근처에서는 공기 밀도가 높은데, 물체가 그런 속도로 움직이면 공기와의 마찰열 때문에 순식간에 불타 버리기 때문이다.

반대로 지표면에서 200km 이상 떨어진 곳은 공기 밀도가 대단히 낮기 때문에 공기 저항은 거의 없지만, 뉴턴의 시대에는 인공물을 그런 높은 곳까지 쏘아 올릴 수 있는 기술이 없었다. 그래서 뉴턴의 아이디어는 오랜 세월 탁상공론 취급을 당했다.

하지만 항공 기술과 로켓 기술이 눈부시게 발전해 고고도까지 인공물을 쏘아 올릴 수 있게 되었다. 그 결과 1957년 구소련이 쏘아 올린 스푸트니크 1호가 인류 최초의 인공위성이 되었다. 일본에서는 1970년에 도쿄대학 우주항공연구소가 개발하여 쏘아 올린 오스미 위성이 최초의 인공위성이다.(대한민국 최초의 인공위성은 1992년에 쏘아 올린 우리별 1호다. – 편집자)

① 공이 낙하하기 전에 지구를 한 바퀴 돈다면?

지구

공의 속도가 빠를수록 먼 곳까지 날아가서 떨어진다.
떨어지지 않고 지구를 한 바퀴 돌아서 원래 장소로 돌아오려면 약 8㎞/s의 속도로 공을 던져야 한다.

② 인공위성의 원운동

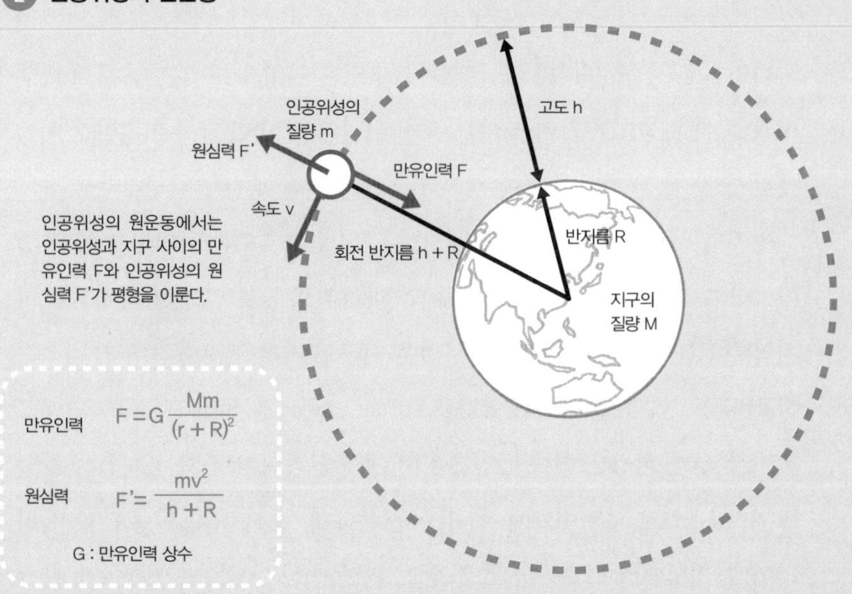

인공위성의 원운동에서는 인공위성과 지구 사이의 만유인력 F와 인공위성의 원심력 F'가 평형을 이룬다.

만유인력 $F = G\frac{Mm}{(r+R)^2}$

원심력 $F' = \frac{mv^2}{h+R}$

G : 만유인력 상수

③ 정지 위성의 궤도

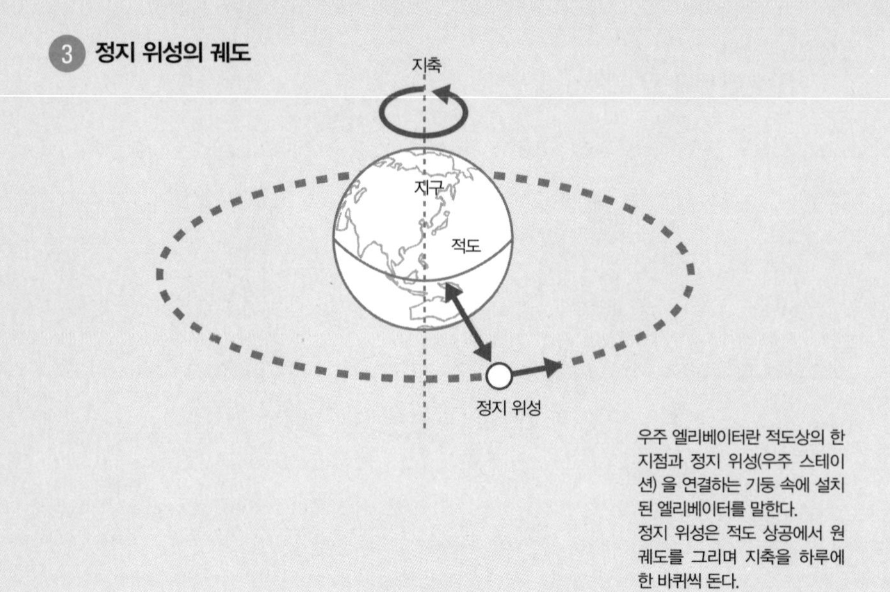

우주 엘리베이터란 적도상의 한 지점과 정지 위성(우주 스테이션) 을 연결하는 기둥 속에 설치된 엘리베이터를 말한다.
정지 위성은 적도 상공에서 원 궤도를 그리며 지축을 하루에 한 바퀴씩 돈다.

다양한 위성 중 우리의 일상생활에 가장 큰 영향을 미치는 것은 기상 위성과 통신 위성으로 많이 쓰이는 정지 위성일 것이다. 정지 위성이란 지상에서 봤을 때 늘 똑같은 곳에 정지해 있는 것처럼 보이는 위성이다.

정지 위성은 적도 부근의 상공 약 35,800km 고도에서 지구를 동쪽 방향(지구 자전과 같은 방향)으로 하루에 딱 한 바퀴씩 돌고 있다. 지상에서는 마치 멈춰 있는 것처럼 보이지만, 사실은 지구의 자전에 맞춰 초속 3km라는 아주 빠른 속도로 움직이고 있다.

기상 정지 위성은 항상 똑같은 위치에서 구름과 태풍의 움직임을 확인할 수 있으므로 일기예보에 꼭 필요한 존재다. 통신 정지 위성도 매우 편리한데, 위성에서 나오는 신호를 받기 위한 수신 안테나가 지구에서 특정 방향을 향하도록 해두기만 하면 되기 때문이다.

하지만 정지 위성에도 수명이 있다. 위성이 날고 있는 고고도에도 공기가 전혀 없지는 않기 때문이다. 그래서 오랜 시간이 지나면 궤도가 어긋나기 시작한다. 정지 위성을 계속 제자리에 두려면 때때로 궤도를 수정해야 한다. 궤도 수정을 위한 연료가 떨어졌을 때가 곧 정지 위성의 수명이 다했을 때다.

지표면에서 정지 위성의 궤도까지 이르는 거대한 파이프를 만들어서 그 안에 엘리베이터(우주 엘리베이터)를 설치하자는 아이디어도 있다. 어마어마한 건설 비용이 들겠지만 한 번 만들면 로켓보다 훨씬 싼 비용으로 물건을 높은 곳까지 옮길 수 있다.

뉴턴의 시대에는 불가능했던 인공위성이 300년 후 실현된 것을 본다면, 완전히 허무맹랑한 이야기만은 아닐 것이다.

제5장

빛과 소리와 물리

물속의 물건이 낮은 곳에 있는 것처럼 보이는 이유

굴절의 법칙

수면 위에서 물속에 있는 물체를 바라보면 실제 수심보다 더 얕은 곳에 있는 것처럼 보인다. 빛의 굴절로 인한 왜곡 현상이다.

우리는 물체의 위치와 크기를 눈에 들어오는 빛을 통해 볼 수 있다. 즉, 빛이 똑바로 나아간다는 성질을 이용하여 물체에서 눈으로 도달한 빛의 방향을 통해 물체의 원래 위치와 거리를 추측할 수 있다는 뜻이다. 그러므로 만약 빛이 굴절하면 우리의 눈은 쉽게 속아 넘어간다.

다음으로 수심이 H인 곳에 잠겨 있는 물체(화살표 AB)가 어떤 식으로 보이는지 살펴보자. 우선 물체의 바로 위에서 바라본다고 생각하자. 물체는 온갖 방향으로 빛을 내보내고 있다. 그림 ①에서는 물체의 점 A와 점 B에서 나온 빛이 눈까지 가는 경로가 나와 있다. 점 A와 B에서 나온 빛이 공기 중에서 나아간 경로를 그대로 물속으로 연장하면 깊이가 $H/n \approx 0.75H$인 점 A'와 B'에 이른다. 즉, 물체는 실제 깊이 H보다 더 얕은 곳에 있는 것처럼 보인다는 뜻이다.

마지막으로 수심이 H인 곳에 잠겨 있는 물체(화살표 CD)를 약간 옆에서 바라봤을 때를 생각해 보자. 그림 ②처럼 물체는 바로 위에서 봤을 때보다 조금 더 얕은 곳(화살표 C'D')에 있는 것처럼 보이고, 그와 동시에 조금 기울어져 있는 것처럼 보인다.

연못에 골프공이 떨어졌을 때 좀처럼 골프채로 공을 맞히기 힘든 이유는 빛의 굴절을 고려하지 않고 눈에 보이는 위치를 향해 골프채를 휘두르기 때문이다.

1 수심 H인 곳에 잠겨 있는 물체를 바로 위에서 들여다봤을 때 물체에서 나온 빛이 눈에 이르는 경로

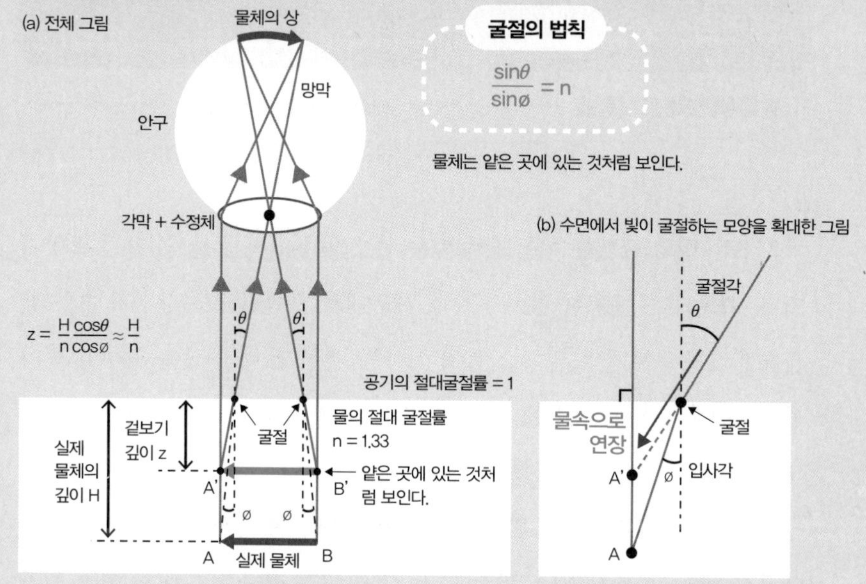

실제로는 점 A에서 나온 빛이지만 우리 눈에는 점 A'에서 나온 것처럼 보인다.

2 수심 H인 곳에 있는 물체를 조금 옆에서 봤을 때

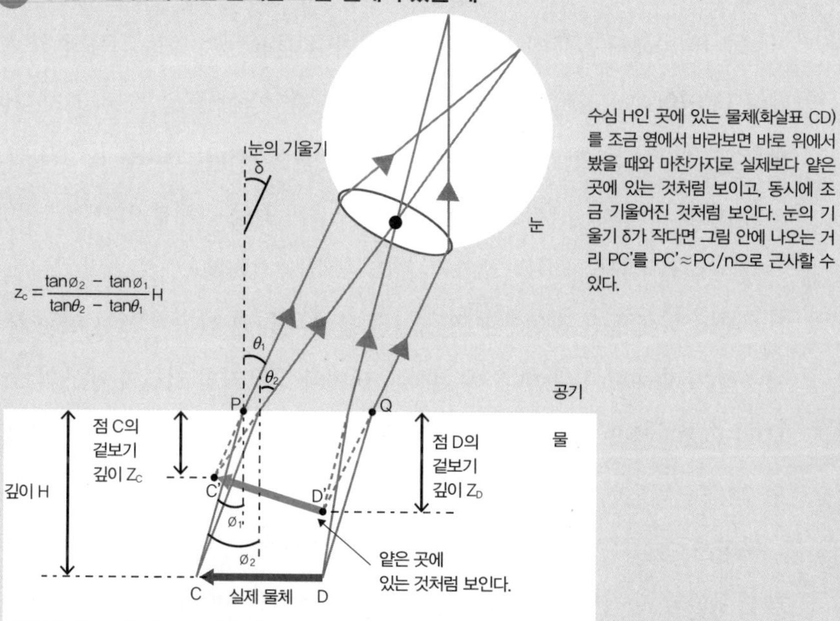

수심 H인 곳에 있는 물체(화살표 CD)를 조금 옆에서 바라보면 바로 위에서 봤을 때와 마찬가지로 실제보다 얕은 곳에 있는 것처럼 보이고, 동시에 조금 기울어진 것처럼 보인다. 눈의 기울기 δ가 작다면 그림 안에 나오는 거리 PC'를 PC'≈PC/n으로 근사할 수 있다.

물체를 실물보다 크거나 작게 보여 주는 렌즈의 성질

볼록렌즈와 오목렌즈

렌즈는 빛의 굴절을 이용하여 빛을 모으거나 퍼지게 할 수 있는 광학기기다. 가운데가 볼록한 볼록렌즈와 가운데가 오목한 오목렌즈가 있는데, 볼록렌즈는 돋보기와 확대경 등에 쓰이는 렌즈다. 햇빛 같은 평행한 빛이 들어오면 렌즈의 반대쪽에 있는 한 점 F(초점)에 광선이 집중되도록 설계되어 있다.

그림 ②처럼 오목렌즈 왼쪽에서 평행한 광선이 입사하면 렌즈 오른쪽에서는 빛이 퍼져 나간다. 퍼져 나간 각 광선의 경로를 그대로 렌즈 왼쪽으로 연장해 보면 연장한 모든 선이 한 점 F'(허초점)에 집중되도록 설계되어 있다.

밝은 방 안에서 볼록렌즈를 흰 벽에 가까이 대면 켜져 있는 전등의 위아래가 뒤집힌(도립) 상이 벽에 선명하게 나타난다. 이 상을 실상이라고 한다. 오목렌즈의 중앙에서 전등까지의 거리를 a, 실상까지의 거리를 b, 초점까지의 거리(초점 거리)를 f라고 하면 이들은 다음과 같은 관계를 이룬다.

$$1/a+1/b=1/f$$

신문지 위에 놓은 볼록렌즈를 천천히 들어 올리면 신문에 쓰여 있는 문자(물체)가 확대되어 보인다. 이 현상은 렌즈와 신문지의 거리가 렌즈의 초점 거리보다 짧을 때 일어난다. 이처럼 확대되어 보인 문자(상)를 허상이라고 한다.

허상은 실상과 달리 사람의 눈이나 카메라 등의 다른 렌즈로 봐야만 비로소 상으로 인식할 수 있다. 또한 사람의 눈이나 카메라로 본 상은 위아

① 오목렌즈에 평행 광선이 입사했을 때 광선의 변화

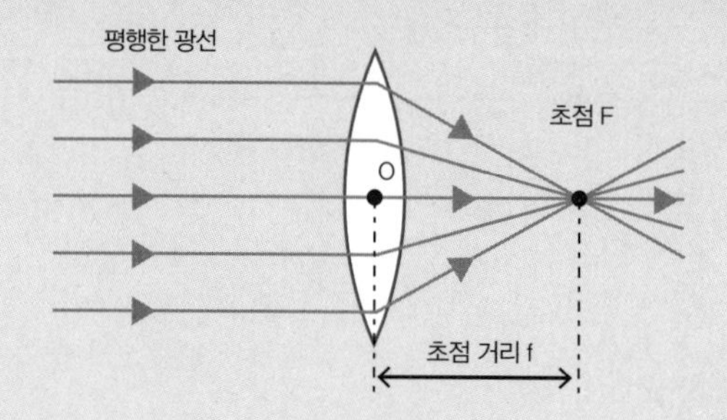

일반적으로 좌우의 초점 거리는 같다. 돋보기(확대경)로 햇빛을 모아서 검은 종이를 태울 수 있는 이유는 그러한 특징 때문이다.

② 볼록렌즈에 평행 광선이 입사했을 때 광선의 변화

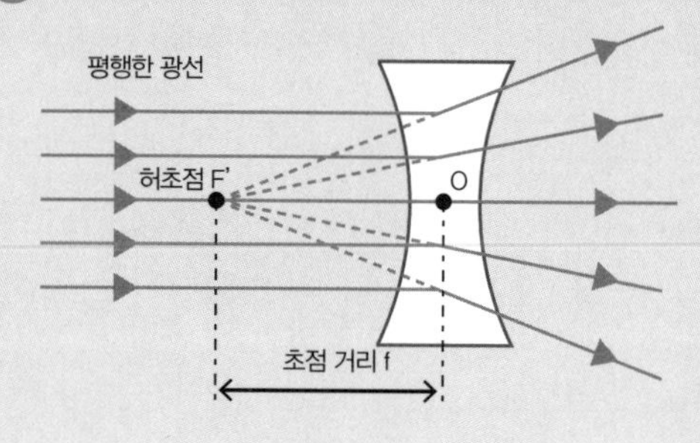

③ 볼록렌즈의 초점보다 먼 곳에 있는 물체(화살표)의 실상

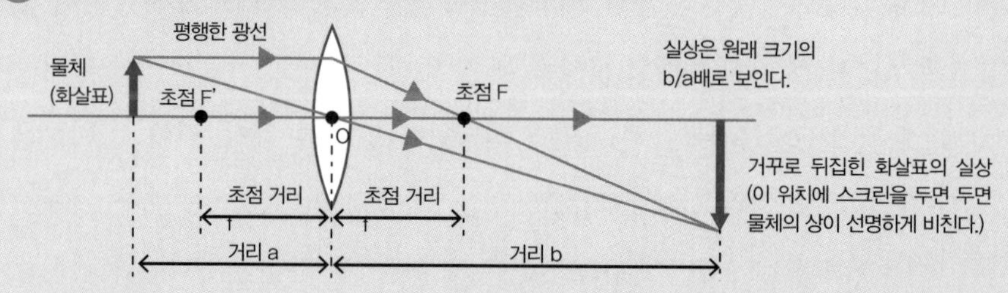

④ (a) 볼록렌즈의 초점보다 가까운 곳에 있는 물체의 허상

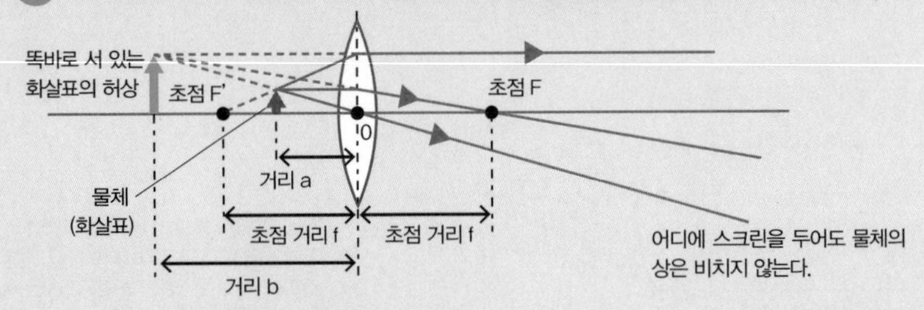

(b) 인간의 눈으로 허상을 보는 방식

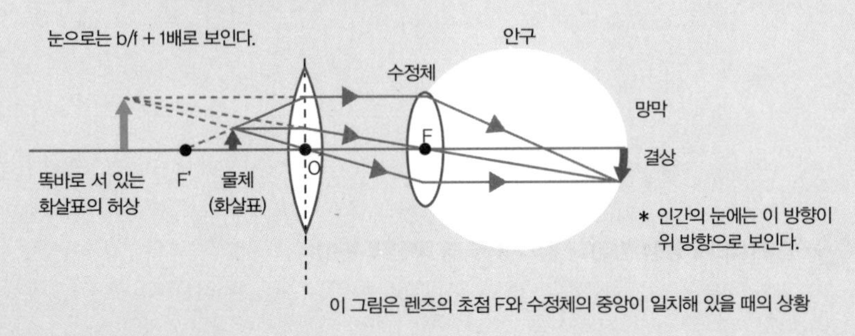

⑤ 오목렌즈로 인한 허상

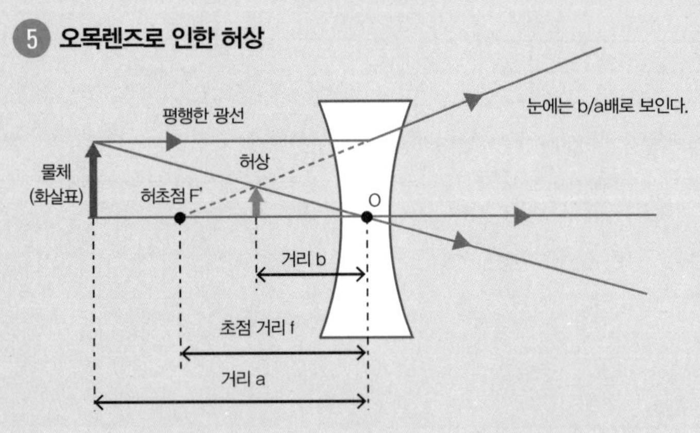

래가 뒤집히지 않는다(정립). 볼록렌즈의 초점보다 약간 더 가까운 곳에 물체가 있을 때 가장 확대된 허상을 볼 수 있다.

오목렌즈는 볼록렌즈와는 달리 허상밖에 만들 수 없다. 또한 이 허상은 보고 싶은 물체의 실제 크기보다 항상 작게 보인다. 그래서 이용 가치가 없을 것처럼 보이지만 일부 쌍안경은 오목렌즈를 사용한다.

망원경과 현미경의 원리

대물렌즈와 접안렌즈

멀리 있는 물체를 크게 보여 주는 장치를 망원경이라고 하고, 가까이 있는 물체를 확대해서 보여 주는 장치를 현미경이라고 한다. 둘 다 렌즈를 두 개 이상 조합한 장치다. 물체에 가까운 쪽에 있는 렌즈를 대물렌즈라고 하고, 눈에 가까운 쪽에 있는 렌즈를 접안렌즈라고 한다.

망원경은 대물렌즈로 만든 실상을 접안렌즈로 확대해서 보여 준다. 망원경의 종류로는 별을 보기 위한 천체 망원경과 야생 동물 등을 보기 위한 지상 망원경이 있다. 천체 망원경은 상이 거꾸로 뒤집혀 보이지만, 지상 망원경은 상이 제대로 보인다는 차이가 있다.

그림 ①은 볼록렌즈 두 개를 조합한 가장 단순한 형태의 망원경이다. 사람의 눈에는 상이 거꾸로 뒤집혀 보인다는 사실을 알 수 있다.

대물렌즈의 초점 거리가 f이고 접안렌즈의 초점 거리가 f′라면, 확대된 상의 배율 m은 관측 대상인 물체가 망원경에서 충분히 멀리 있을 때 $m=f/f'$가 된다. 즉, 배율 m은 대물렌즈와 접안렌즈의 초점 거리의 비와 같다.

대물렌즈의 초점 거리가 길어지거나 접안렌즈의 초점 거리가 짧아지면 배율이 높아진다. 그래서 대개 망원경은 길고 가늘게 만든다.

배율이 높은 쌍안경과 스포츠 관람용 등의 지상 망원경은 상이 뒤집히지 않도록 설계되어 있다.

대물렌즈가 만들어낸 거꾸로 뒤집힌 실상을 정립렌즈나 정립 프리즘이 다시 뒤집어 주고, 이를 접안렌즈로 확대하는 식이다.

①에 있는 접안렌즈를 오목렌즈로 바꿔도 똑바로 선 확대된 상을 볼 수

① 천체 망원경의 예

허상은 인간의 눈에 있는 수정체에 의해 망막에 실상으로 투영된다.

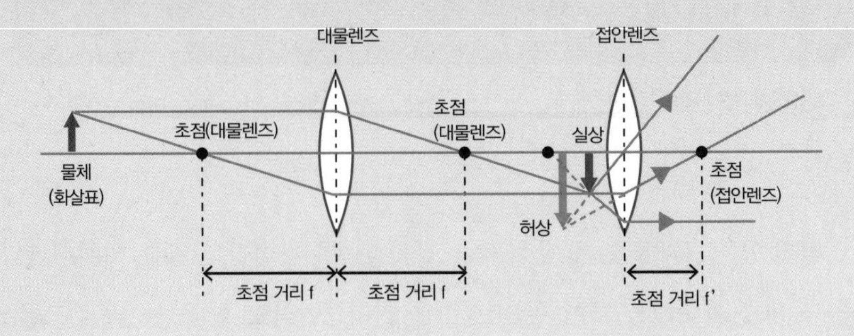

② 지상 망원경의 예

일반적으로 정립 렌즈는 두 개 이상의 렌즈로 구성된다.

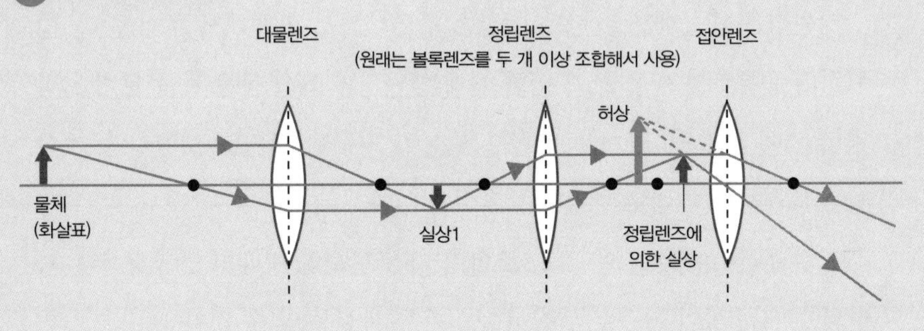

는 있지만, 배율이 크면 볼 수 있는 범위(시야)가 좁아진다. 그래서 오늘날의 망원경에서는 거의 쓰이지 않는 방식이다.

다음으로 현미경에 관해 알아보자.

현미경에서는 그림 ③과 같이 대물렌즈로 원래 물체보다 큰 실상을 만들고 이를 접안렌즈로 확대하여 허상을 만든다. 최종적인 배율은 각 렌즈의 배율을 곱한 값이 된다.

현재는 빛이 아닌 다른 것을 이용한 망원경과 현미경도 나와 있다. 예를 들면 X선이나 중력파 등을 이용한 망원경도 있고 전자선이나 전자의 터널 효과나 원자 간의 힘 등을 이용한 현미경도 있다.

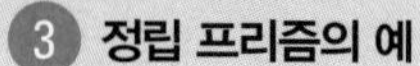

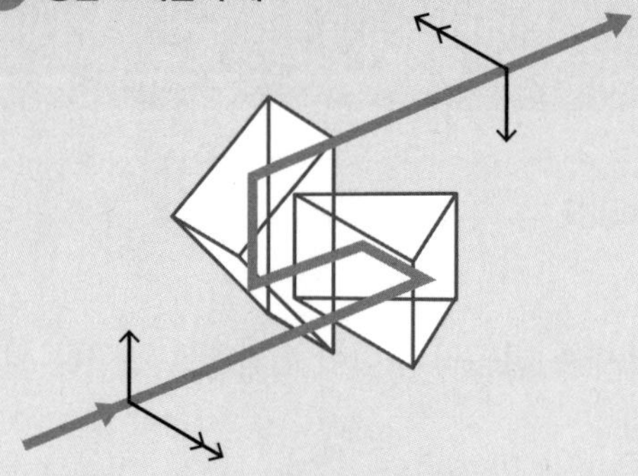

그림은 포로프리즘이라 불리는 것으로 45° 직각 반사 프리즘 두 개를 조합한 것이다. 프리즘에 입사한 빛은 거울 반사와 똑같은 효과를 내는 전반사를 반복한 다음 나온다.

4 현미경으로 보이는 상의 예

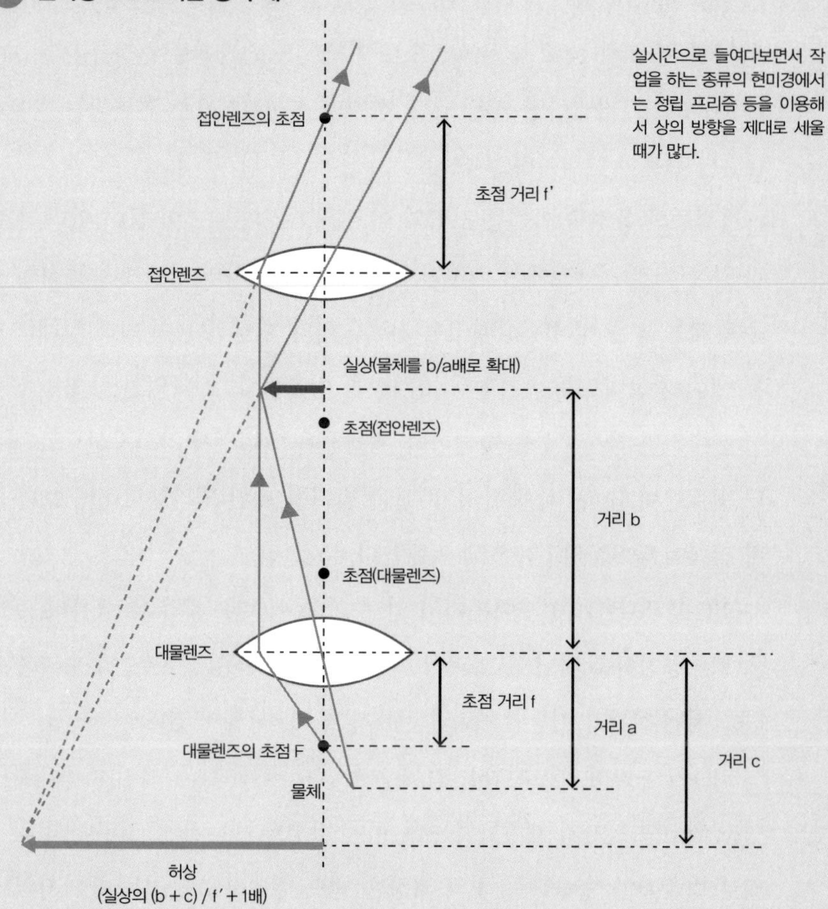

실시간으로 들여다보면서 작업을 하는 종류의 현미경에서는 정립 프리즘 등을 이용해서 상의 방향을 제대로 세울 때가 많다.

열역학
광학
전자기학
양자역학
파동

LED는 어떻게 빛나는 걸까?

발광 다이오드

청색 LED가 등장하면서 조명과 전등의 광원이 필라멘트 전구나 형광등에서 LED로 대체되고 있다.

각 광원의 원리를 살펴보면, 백열등과 할로겐전구 등의 필라멘트 전구는 열을 지닌 물체에서 빛이 방출되는 현상(흑체 복사)을 이용한 것이다. 열에 강한 텅스텐(녹는점 약 3,400℃)으로 이루어진 필라멘트에 전류를 흘려서 약 3,000℃로 가열하면 빛을 낸다. 하지만 가시광선으로 변환되는 효율이 낮다는 부분이 단점이다(그래프 ①).

형광등의 유리관 안에는 소량의 아르곤 가스와 수은이 들어 있다. 유리관 양 끝의 필라멘트에서 방출된 전자가 수은 원자와 빠르게 충돌하면 수은 원자는 높은 에너지 상태(들뜬 상태)가 된다. 이때 수은이 원래 상태인 낮은 에너지 상태로 돌아가면서 자외선을 방출하고 그 자외선을 형광 물질이 흡수하면 가시광선을 방출한다. 형광등은 에너지가 가시광선으로 변환되는 효율이 높다. 예를 들어, 똑같은 밝기를 지닌 필라멘트 전구보다 소비 전력이 약 8분의 1밖에 되지 않는다.

LED(발광 다이오드)는 이름에서 알 수 있듯이 반도체의 한 종류다. 반도체에는 양전하를 지닌 홀(정공)이 이동함으로써 전류가 흐르는 p형과 음전하를 지닌 전자가 이동함으로써 전류가 흐르는 n형이 있다.

LED에 순방향으로 전압을 걸어주면 접합 경계(결핍층)까지 이동해 온 p형 홀과 n형 전자가 재결합하는데, 이때 발생한 에너지 중 일부가 빛의 형태로 방출된다. 방출되는 빛의 파장은 밴드 갭이라고 불리는 에너지의 크

① 3,000℃인 물체에서 방출되는 빛의 파장과 강도의 관계

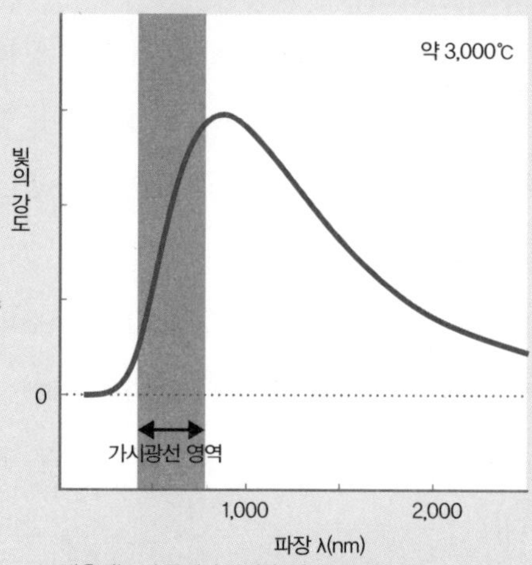

방출되는 빛 중에서 가시광선은 극히 일부다.

② LED의 (a) 기본 구조와 (b) 기본 밴드 구조

(a)

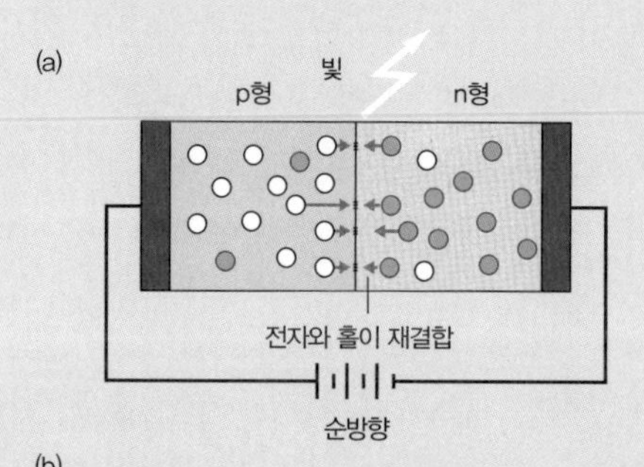

LED는 순방향으로 걸린 전압 때문에 전자와 홀이 재결합한다. 이때 전자가 잃은 에너지 ΔE(의 일부)가 빛의 형태로 방출된다. ΔE가 클수록 높은 에너지의 빛(청색 계통의 빛)이 방출된다.

(b)

높다
에너지
낮다
전도대
밴드 갭
홀(정공)
가전자대
전압에 의해 움직이는 전자
빛
재결합
$\Delta E = h\nu = hc / \lambda$
전압에 의해 움직이는 홀
전도대
전자
밴드 갭
가전자대
p형
결핍층
n형

③ 회전하는 공에 작용하는 양력

	소비 전력(W)	수명(h)
LED	7~10	약 40,000
백열등	60	1,000~2,000
형광등	11~14	약 10,000

LED는 가격이 비싸고 소비 전력이 낮은 경향이 있다. LED는 다른 광원과 달리 '불이 안 들어오는' 일이 없다.
LED의 수명이란 밝기가 초기 상태의 70%가 될 때까지 걸리는 시간을 뜻한다.

기에 비례하며 전기 에너지를 직접 빛으로 변환하므로 소비 전력이 낮다는 특징이 있다.

LED는 한 가지 파장의 빛(단색광)을 방출한다. 그러므로 흰색 빛을 만들려면 파랑, 초록, 빨강이라는 세 가지 LED를 서로 가까이 배치하거나, 형광등처럼 파란색 빛을 형광 물질에 흡수시켜서 다른 색으로 변환해줘야 한다.

③은 각 광원의 소비 전력과 수명을 정리한 표다. 형광등과 LED는 소비 전력 면에서는 큰 차이가 없지만, 수명은 LED가 훨씬 더 길다는 사실을 알 수 있다. 그래서 LED는 교환하기 힘든 곳에 설치된 조명이나 높은 곳에 있는 신호등의 광원에 적합하다.

광섬유가 엄청나게 많은 정보를 전달하는 방법

굴절과 반사 이용하기 —— 진동과 파동

고속 광통신망에는 굵기가 머리카락만 한 광섬유라는 케이블이 쓰인다. 광섬유 케이블은 전화로 치면 전화선에 해당하지만, 그보다 훨씬 많은 정보를 빠르게 전달할 수 있다.

광섬유의 구조를 보면 굴절률이 서로 다른 재료가 동심원을 이루며 배치되어 있다. 안쪽 부분을 코어라고 하며 바깥쪽 부분을 클래드라고 한다.

빛은 서로 다른 물질의 경계면에서 굴절과 반사를 한다. 광섬유로 정보를 전달할 때는 광섬유의 한쪽 끝에서 빛을 코어에 입사시키는데, 이 빛은 코어와 클래드의 경계면에서 반사를 반복하며 다른 쪽 끝으로 향한다.

만약 경계면에서 반사되어 코어로 돌아오는 빛보다 경계면에서 굴절하여 클래드로 나가버리는 빛이 더 많으면 경계면에 부딪칠 때마다 코어 내부에서 나아가는 빛이 약해지므로 제대로 신호를 전달할 수 없다.

그런데 코어의 굴절률을 클래드의 굴절률보다 크게 만들면 굴절의 법칙에 따라 특정 각도 이상으로 코어 측에서 경계면으로 입사한 빛은 굴절하지 못하고 전부 반사되어 코어로 되돌아온다. 빛이 경계면에서 모두 반사되는 현상을 전반사라고 하며, 전반사가 일어날 수 있는 입사각 중 가장 작은 각도를 임계각이라고 한다.

현재는 위에서 설명한 계단형 광섬유 대신 장거리 통신용으로는 단일 모드 광섬유가, 근거리 통신용으로는 언덕형 광섬유가 주로 쓰인다. 단일 모드 광섬유는 코어의 지름을 10㎛까지 가늘게 만듦으로써 신호의 왜곡을 줄일 수 있다.

1 광섬유의 기본적인 구조

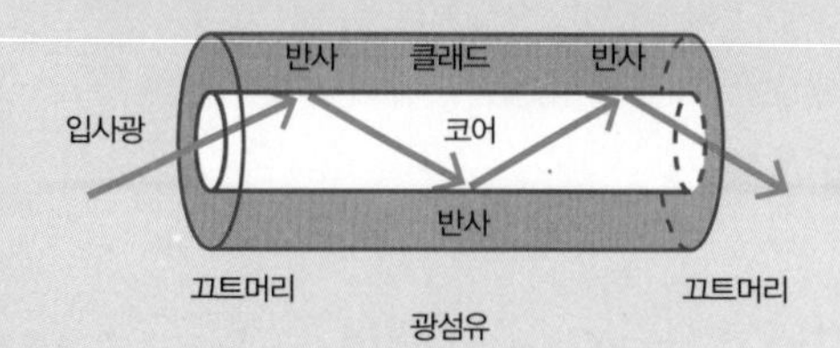

일반적으로 클래드의 바깥쪽에 보호용 피복을 씌운다. 일반적인 코어의 지름은 10~50㎛이고, 클래드의 지름은 125㎛다. 코어와 클래드는 주로 석영 유리로 만든다. 플라스틱 제품은 저렴하지만 손실이 크다.

2 굴절의 법칙과 전반사

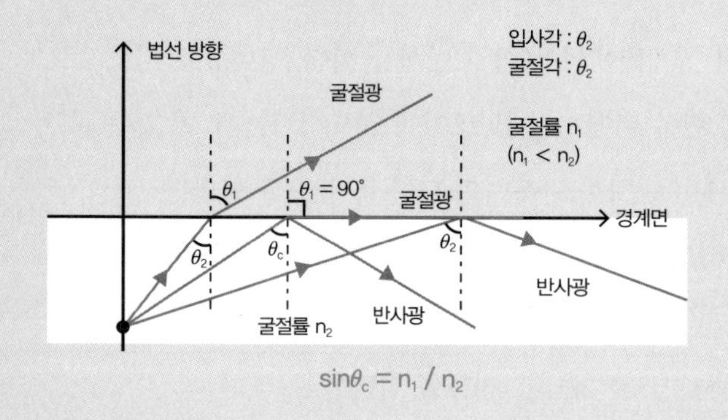

$\sin\theta_c = n_1 / n_2$

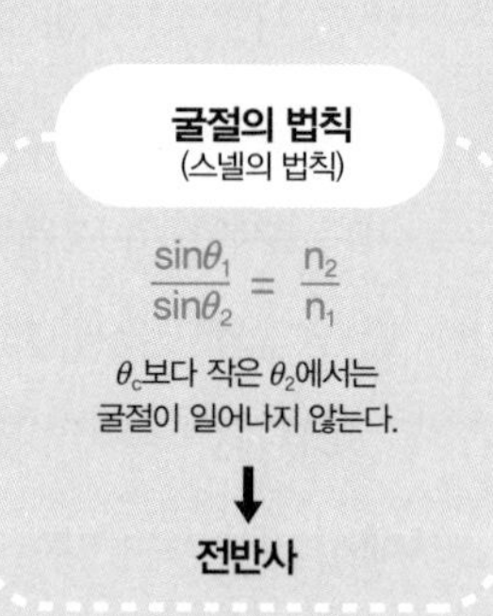

3 광섬유의 종류

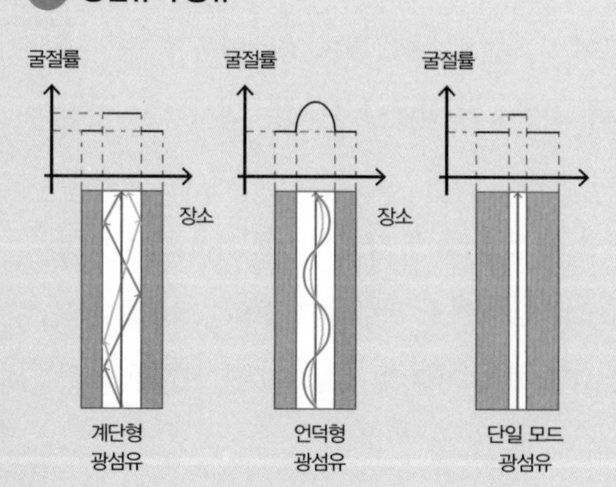

전기적인 노이즈가 적고 먼 거리를 가도 신호의 강도가 떨어지지 않는 등의 특징 때문에 국제전화나 장거리 통신용 케이블에는 거의 광섬유가 쓰인다.
코어와 클래드의 굴절률 차이는 0.2~0.3%로 작다.

계단형 광섬유 : 신호가 왜곡될 수 있기에 현재 고속 통신용으로는 거의 쓰이지 않는다.
언덕형 광섬유 : 주로 LAN 등에 쓰인다. 비교적 신호의 왜곡이 덜하다.
단일 모드 광섬유 : 주로 장거리 통신용으로 쓰인다. 코어를 작게 만들어서 신호의 왜곡을 줄이고 있다.

언덕형 광섬유는 코어의 굴절률이 중심으로 갈수록 점점 커지도록 설계되었다. 빛을 경계면에서 전반사시키는 것이 아니라 빛이 경계에 도달하기 전에 연속적인 굴절을 통해 서서히 진로를 바꿔줌으로써 코어 내부로 나아가게끔 유도한다.

코어의 투명도를 높이고 경계면에서 전반사가 일어나도록 클래드의 재료를 잘 고르면, 광섬유 안에서 빛은 거의 약해지지 않은 채 전달될 수 있다. 고속 통신용 광섬유의 코어 내부를 지나는 빛은 1km를 나아가도 몇 퍼센트 정도밖에 약해지지 않는다.

GPS는 어떻게 정보를 보내는 걸까?

원자시계와 GPS 위성 4개

자동차 내비게이션과 휴대전화에는 대체로 GPS(Global Positioning System) 기능이 달려 있다. GPS란 GPS 위성을 이용해 자신의 위치(위도, 경도, 고도)를 약 10m의 정확도로 알 수 있는 기능이다.

자신의 위치를 특정하려면 자신과 위성의 거리 L과 위성의 위치를 알아야 한다. 이를 알 수 있으면 위성을 중심으로 한 반지름이 L인 원(구)을 그릴 수 있다. 위성을 3개 이상 이용해서 각각 원을 그렸을 때 모든 원이 동시에 교차하는 점(교점)이 바로 자신이 있는 위치다(그림 ②).

위성의 위치와 위성과 자신의 거리를 알아낼 때는 L1 대역(1.6GHz)의 전파에 실려 오는 C/A 코드를 이용한다. C/A 코드란 위성의 이름을 특정할 수 있는 정보를 포함한 신호다. GPS 수신기는 이를 해석함으로써 위성이 언제 어느 위치에 있는지(궤도 정보)를 정확히 파악할 수 있다.

위성과의 거리 L은 위성이 C/A 코드를 송신한 시간과 수신기에서 이를 수신한 시간의 차 Δt와 빛의 속도 $c=3\times10^8$m/s를 이용하여 $L=c/\Delta t$로 구할 수 있다. 다만 광속이 너무 빠르다 보니 GPS 수신기에 달린 쿼츠 시계의 정확도로는 오차가 약 2km나 생길 수 있어서 전혀 실용적이지 못하다. 그래서 모든 위성에는 협정 세계시(UTC)와 정확히 동기화한 원자시계(쿼츠 시계보다 정확도가 10만 배나 높다)가 탑재되어 있으며, 1ms마다 완전히 똑같은 시각에 일제히 C/A 코드를 송신하고 있다. 이 특성과 네 번째 위성을 잘 이용함으로써 GPS 수신기는 UTC 시간과의 오차를 정확히 계산해낼 수 있다.

① 지구 주위를 돌고 있는 GPS 위성

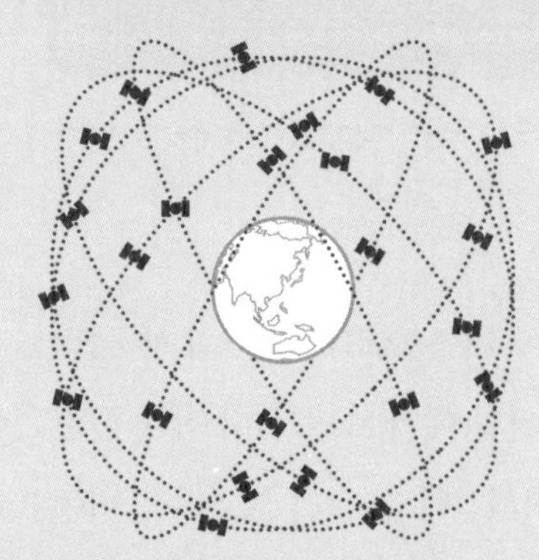

GPS 위성은 약 2만 킬로미터의 고도를 약 12시간 일주하는 궤도로 움직인다. 하나의 궤도는 4개 이상의 위성이 배치되어 있다. 궤도는 전부 6개로 상시 24개 이상의 위성이 일주한다.

② 세 점의 위치와 자신(점 P)과 각 점의 거리를 정확히 알고 있을 때, 자신의 위치를 특정하는 방법

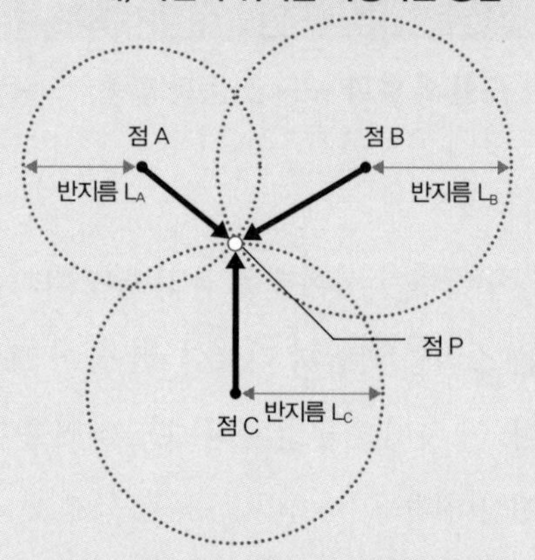

A, B, C의 위치를 알고 있다면 각 점과의 거리를 재서 교점 P의 위치를 특정할 수 있다.

③ UTC와 동기화하여 일제히 송신되는 C/A 코드와, 수신기에서 수신한 C/A 코드. UTC와 수신기 시계의 오차 Δt를 네 번째 위성을 이용해 바로잡아 줘야 한다.

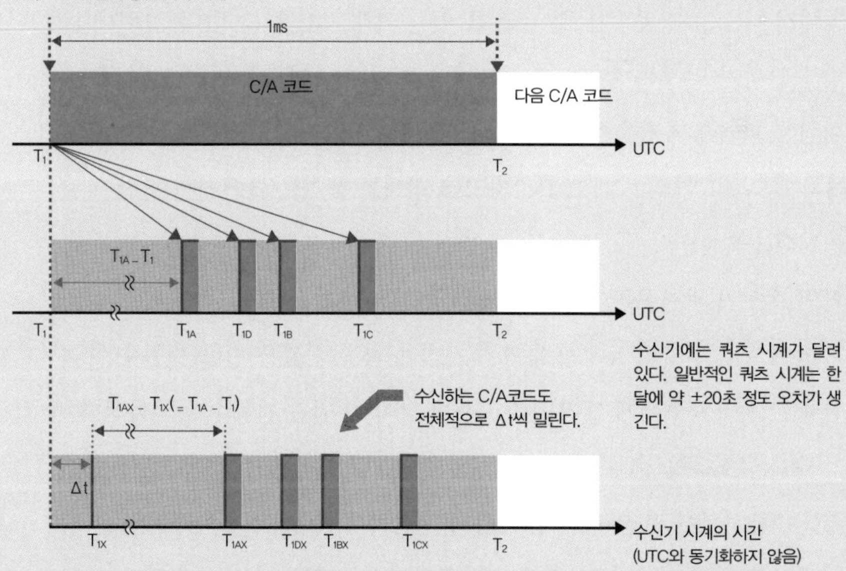

수신기에는 쿼츠 시계가 달려 있다. 일반적인 쿼츠 시계는 한 달에 약 ±20초 정도 오차가 생긴다.

※ Δt : 수신기의 시계와 UTC의 차

※ 시간 차 $T_{1AX}-T_{1X}(=T_{1A}-T_1)$는 수신기의 시계와 UTC가 동기화하지 않았어도 정확히 구할 수 있다.

※ 수신기는 어느 시간에 어떤 위성에서 무슨 신호(C/A 코드)를 보낼지 미리 알고 있다.

다가오는 소리보다 멀어지는 소리가 더 작게 들리는 이유

도플러 효과 —— 진동과 파동

구급차가 사이렌을 울리면서 다가올 때 들리는 소리와 멀어질 때 들리는 소리는 확연히 다르다. 잘 들어 보면 멀어질 때의 소리가 더 작게 들린다. 이 차이는 구급차의 속도가 빠를수록 심해진다. 도플러 효과라 불리는 현상이다.

스피커를 1초에 f번씩 진동시키면 스피커에서 진동수가 fHz인 소리(음파)가 나온다. 공기 중에서 소리가 나아가는 속도(음속)를 V라고 하면, 진동수가 f인 소리의 파장(음파가 한 번 진동하는 데 필요한 거리) λ는 $\lambda = V/f$가 된다. 그림 ②(가)처럼 구급차가 멈춰 서 있다면 관측자 A와 B는 구급차 스피커에서 나오는 진동수가 f인 소리를 있는 그대로 들을 수 있다. 그런데 만약 구급차가 일정한 속도 u로 관측자 A를 향해 달리고 있다면 그림 ②(나)처럼 스피커에서 관측자 A로 향하는 음파는 압축되어 파장이 짧아진다(원래 파장의 $V-u/V$배). 반대로 관측자 B로 향하는 음파는 늘어져서 파장이 길어진다(원래 파장의 $V+u/V$). 이렇게 파장이 길어지고 짧아지는 정도는 구급차의 속도가 빠를수록 커진다. 스피커에서 나오는 소리의 속도 V는 변하지 않으므로 관측자 A에게 들리는 소리는 파장이 짧은 만큼 진동수가 높아지고, 관측자 B에게 들리는 소리는 파장이 긴 만큼 진동수가 낮아진다.

사람은 소리의 진동수가 높을수록 고음으로 인식하고 소리의 진동수가 낮을수록 저음으로 인식한다. 따라서 구급차가 움직일 때 관측자 A는 사이렌이 원래 소리보다 크게 들리고 관측자 B는 원래 소리보다 작게 들린다. 이것이 도플러 효과의 정체다.

1 음속, 파장, 진동수의 관계

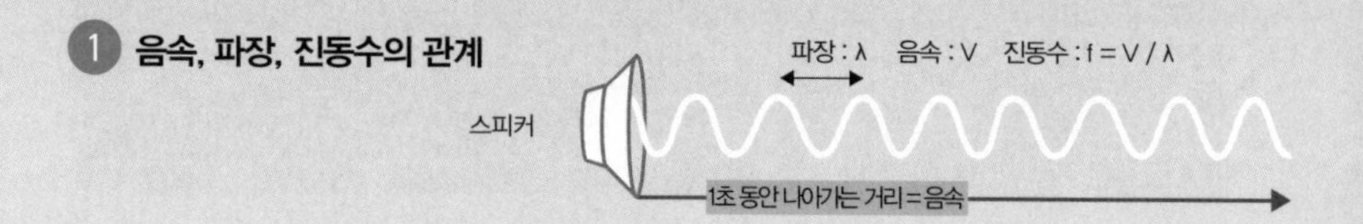

2 음원이 멈춰 있을 때와 속도 u로 이동할 때

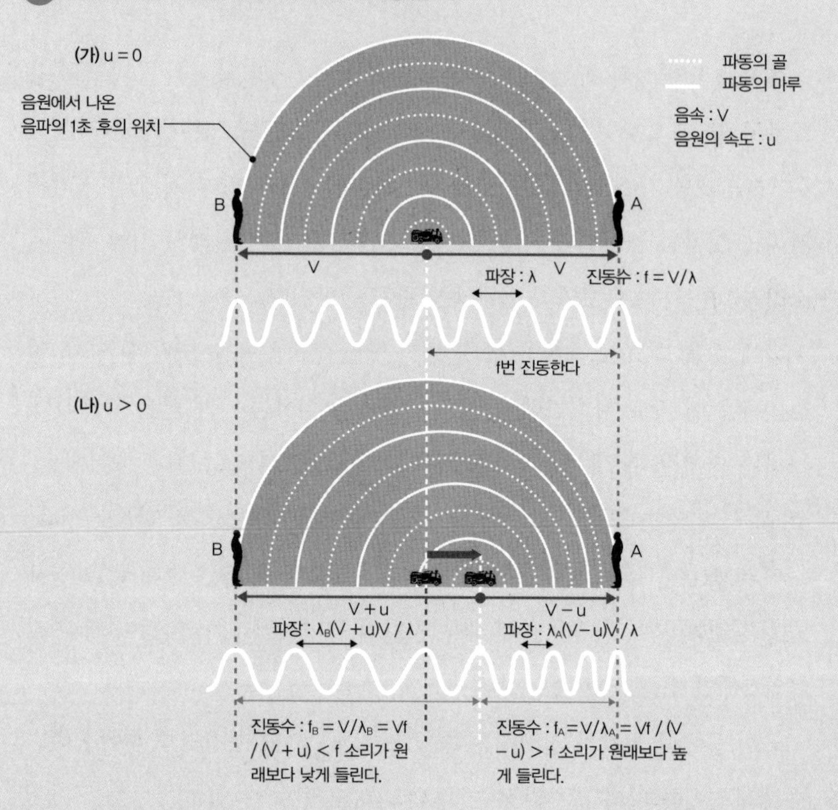

3 스피드 건(속도 측정기)

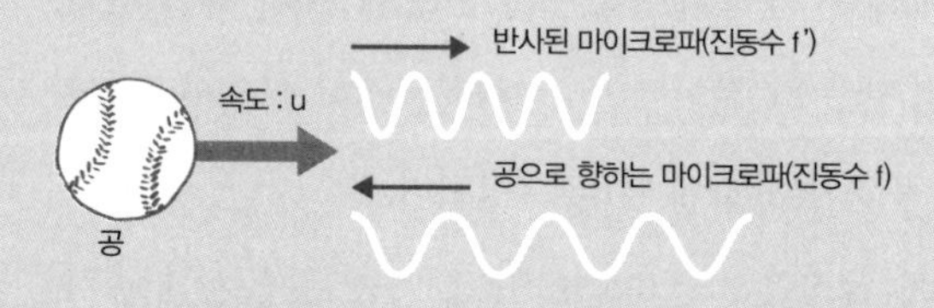

마이크로파의 속도 : c

$f' = (c+u)/(c-u)f$

도플러 효과는 공의 속도를 재기 위한 스피드건이나 자동차의 속도위반 감시 장치 등에서도 이용되고 있다. 그럴 때는 보통 음파가 아니라 마이크로파라고 하는 파장이 1㎜에서 1m 정도인 전자기파를 이용한다. 진동수를 알고 있는 마이크로파를 공에 쏘면 반사돼서 돌아오는데, 그 진동수를 측정하면 공의 속도를 알 수 있다.

왜 헬륨 가스를 마시면 목소리가 높아질까?

헬륨 가스와 공기의 음속 차이

헬륨은 비행선과 풍선을 하늘로 띄울 뿐만 아니라 목소리를 바꾸는 용도로도 쓸 수 있다. 장난감 가게에 가 보면 목소리 변조용 헬륨을 찾아볼 수 있다. 헬륨 가스가 섞인 공기를 들이마시면 목소리가 마치 오리가 꽥꽥거리는 것처럼 높아진다. 이는 사람이 목소리를 내는 원리와 기체 속에서 소리가 나아가는 속도와 밀접하게 연관된 현상이다.

목에 손을 대고 소리를 내 보면 뭔가가 떨리고 있음을 느낄 수 있다. 떨리는 부분이 바로 성대인데, 공기의 흐름을 조절하는 마개 같은 부분이다. 성대는 폐에서 나오는 공기의 흐름을 조절함으로써 진동한다. 동시에 입, 코, 목 등에 있는 공동(성도)에서 소리가 울림으로써 목소리가 만들어진다.

이와 똑같은 일을 빨대로도 재현할 수 있다. 짧게 자른 빨대 끝을 향해 숨을 강하게 불어넣으면 빨대 내부 공간이 공명기가 되어 파장이 빨대 길이의 2배인 소리가 난다.

공기 중에서 소리가 전해지는 속도(음속)가 V이고 소리의 파장이 λ이면 소리의 높이를 나타내는 진동수 f는 $f=V/\lambda$로 구할 수 있 다.

사람은 소리의 진동수가 높을수록 고음으로 인식한다. 따라서 빨대 길이를 짧게 할수록 소리의 파장이 짧아지므로 높은 소리가 난다. 다만 사람이 내는 목소리는 빨대처럼 단순히 길이로만 정해지는 것이 아니라 입 모양과 혀의 위치 등 공동의 부피와 모양에 따라 결정된다.

순수한 헬륨 가스 안에서 음속은 약 960m/s인데, 이는 일반적인 공기 중에서의 음속인 340m/s보다 약 3배나 빠른 속도다.

① 양 끝이 열려 있는 다양한 길이의 파이프에서 안정적으로 발생하는 기준음

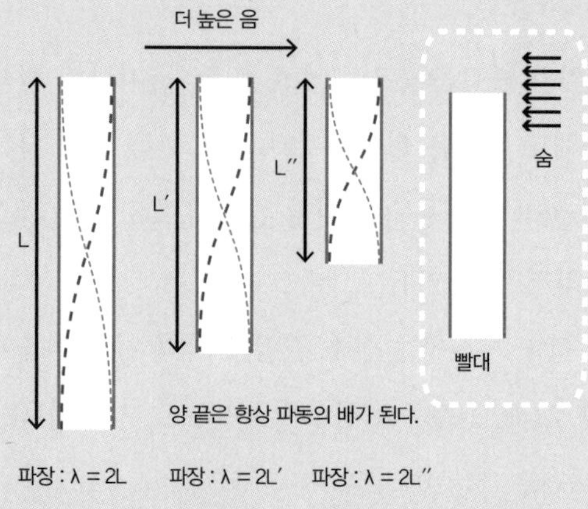

진동수 : $f = V / \lambda = V / 2L$

진동수 : $f' = V / 2L'$

진동수 : $f'' = V / 2L''$

V : 음속

빨대 옆에서 강하게 숨을 불어 주면 소리가 난다. 빨대가 길수록 낮은 소리가 난다.

② 양 끝이 열려 있는 길이 L짜리 파이프에서 안정적으로 발생하는 다양한 음

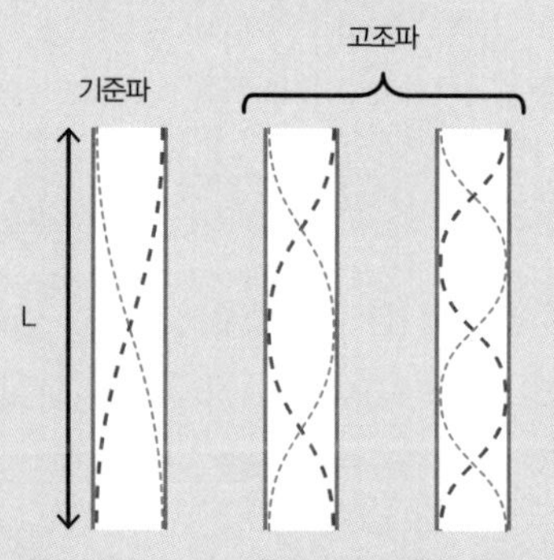

파장 : $\lambda = 2L$ 진동수 : $f = V / \lambda = V / 2L$

파장 : $\lambda = L$ 진동수 : $f_2 = V / L$

파장 : $\lambda = 3L / 2$ 진동수 : $f_3 = 3V / 2L$

안정된 소리가 나올 때 파동의 모양.
똑같은 길이의 빨대라도 조건에 따라서는 높은 소리(고주파)가 날 수도 있다.

헬륨 가스 안이든 공기 중이든 사람이 내는 목소리의 파장은 변하지 않으므로, 헬륨 가스 안에서는 공기 중보다 소리의 진동수가 커지게 된다. 즉, 목소리가 높아진다는 뜻이다.

관악기도 사람의 목소리와 똑같은 원리로 소리를 낸다. 따라서 헬륨 가스 안에서 관악기를 연주해도 똑같은 현상이 일어난다. 한편 기타 같은 현악기는 소리의 높이가 현 자체의 진동수에 따라 결정되므로 헬륨 가스 안에서 연주해도 소리가 달라지지 않는다.

장난감 가게에서 파는 헬륨 가스에는 산소 결핍을 막기 위해 헬륨에 산소가 섞여 있기는 하지만, 그래도 음속이 심하게 바뀌므로 사람의 목소리를 더 높게 바꿀 수 있다.

그림으로 읽는 일상생활 속 물리 현상

아, 그런 거야?

초판 1쇄 발행 2018년 10월 30일

지은이 나가사와 미쓰하루
옮긴이 이인호
편집 한정윤
펴낸이 정갑수

펴낸곳 열린과학
출판등록 2004년 5월 10일 제300-2005-83호
주소 06691 서울시 서초구 방배천로 6길 27, 104호
전화 02-876-5789 팩스 02-876-5795
이메일 open_science@naver.com

ISBN 978-89-92985-66-6 (03420)

• 잘못 만들어진 책은 구입하신 곳에서 바꾸어 드립니다.
• 값은 뒤표지에 있습니다.

이 도서의 국립중앙도서관 출판예정도서목록(CIP)은 서지정보유통지원시스템 홈페이지(http://seoji.nl.go.kr)와 국가자료공동목록시스템(http://www.nl.go.kr/kolisnet)에서 이용하실 수 있습니다.(CIP제어번호: CIP2018031842)